亚瑟·克里斯托弗·本森

ESCAPE AND OTHER ESSAYS

自由之旅

向极致的理想主义致敬

[英] 亚瑟·克里斯托弗·本森（Arthur Christopher Benson） 著

邢锡范 译

中国出版集团 现代出版社

图书在版编目（CIP）数据

自由之旅：向极致的理想主义致敬 /（英）亚瑟·克里斯托弗·本森著；邢锡范译. -- 北京：现代出版社，2019.3
ISBN 978-7-5143-7570-1

Ⅰ.①自… Ⅱ.①亚… ②邢… Ⅲ.①人生哲学—文集 Ⅳ.① B821-53

中国版本图书馆 CIP 数据核字 (2018) 第 274720 号

自由之旅：向极致的理想主义致敬

作　　者：[英] 亚瑟·克里斯托弗·本森（Arthur Christopher Benson） 著
译　　者：邢锡范
选题策划：杨　静
责任编辑：杨　静　朱文婷
出版发行：现代出版社
通信地址：北京市安定门外安华里504号
邮政编码：100011
电　　话：010-64267325　64245264（传真）
网　　址：www.1980xd.com
电子邮箱：xiandai@vip.sina.com
印　　刷：北京汇瑞嘉合文化发展有限公司

开　　本：880mm×1230mm　1/32
印　　张：6.625　　字　　数：140千
版　　次：2019年4月第1版　　印　　次：2019年4月第1次印刷
书　　号：ISBN 978-7-5143-7570-1
定　　价：65.00元

我非常希望旅人在旅程中能为后人留下些许足迹，而且我也一直建议大家在力所能及的情况下，最好都要这样做。

——托马斯·格雷（英国诗人、学者、大学教授）

目 录

序　言

1

那天，我在卡姆河边散步。这是一条涓涓细流，喜爱狂野和浪漫风景的人是看不上这里的；可在一些男人的眼里，这条河真是太美了，它并不比那些著名的河流差多少。它更像是一条运河，河道较直，缓缓流淌的河水显得是那么的从容——很适合八人的赛艇在这里进行比赛！我可以肯定地说，这是一个美丽的地方；而且，无论是出于对以往岁月的记忆，还是出于对宁静本身的喜爱，我的灵魂甚至愿意在这里漫步行走，正如诗人勃朗宁所说，“只要我们的爱还在”。我从城市里的喧嚣中逃了出来，绕过纷乱的郊区，远远躲开高高的、喷着烟雾的烟囱，从发出叮当响声的铁道桥下穿过；一片美景便尽收眼底：广阔的牧场遍布在卡姆河两岸，几排垂垂古柳镶嵌在其中，多节的树干支撑着丛生的柳枝。河的对岸，靠近岸边的垄上坐落着迷人的芬迪顿村庄，村子里有古老的教堂和教区牧师的宅邸，还有一条随意修建的街道，建有红色山形墙的小礼堂则俯视着村庄的谷仓和草垛。沿路而上，你会看到越来越多的垂柳。在高高的柳树丛中的后边有一座古老的谷仓，被称作杨厅；杨厅旁建有一道小水坝，顺坝而下的溪流穿过一道木制的黑色水闸，发出悦耳的哗哗声；不远处的一栋房子是中世纪时期伊里城的主教隐居的地方。当然，主教是坐着小船来到这里，在骄阳炙烤着平原大地的时候，躲在这里静静地住上几个星期，过着惬意舒适的乡间生活；溪流的下游有一个小村庄，名字叫霍宁西村。在果园和茅草屋之间是一座带有垛墙的教堂和废弃的码头——这个地方与我去过的一些古老的小村庄一样，仿佛让人回到了久远的年代。顺流而下，你会立刻看到漫无边际的沼泽地，连绵数英里，向四处伸展开来；从翠绿的防洪坝高处你可以看见一眼望不到头的河道及远处数十英里外的一片片树林，也许还能看到高耸的伊里塔矗立在地平线上，塔尖之上是蔚蓝的广阔天空。如此开阔的景色，如此葱郁茂盛的田野，如此寂静的村庄，如果说连这儿都算不上是一个美丽的地方，那我就不知道什么是美了！史学家称之为事件之类的事情从未在这里发生过。这个地方会让人情不自禁地想起人们从前古老的生活方式，所不同的只是从前的环礁湖、苇塘、小岛、沼泽地变成了现在宁静的麦田和牧场。除了做生意的小商小贩，几乎没有人来到这里，军队也不曾在这里集结，更没有战争的硝烟炮火。日落时分，火红色的夕阳慢慢隐落到远处的地平线下去了；野鸭掠过水面，在水洼地里栖息，鲜花一年又一年盛开在河道两岸；这个地方宁静而神秘的气氛你可以看得到，也可以留在记忆中，而这种心灵在此祥和、时间在此静止的感觉却是你永远无法言表的。

2

来，我们再讲另一个不同场景共同体会一下。

一两个星期前，我一路向北乘火车旅行。在经过的许多车站里到处都是军人，车厢里挤满了士兵，他们看上去非常健康、快乐。他们的友好和善良深深地打动了我；他们彬彬有礼，待人谦恭；他们的行为举止更让人觉得他们只是普通的旅客，而不像我以为的那样：这是一群正准备奔赴前线的、行将面对死亡威胁的士兵。他们生怕给其他乘客添麻烦。他们和蔼可亲地照顾和帮助着其他旅客，搀扶年老体弱的妇女下车，再把包裹递给她；给孩子们巧克力吃，或者和旅客们的聊天。在某个停靠站，一位自豪却又焦虑的父亲强忍泪水为即将奔赴前线的儿子送行。我想，这位父亲本人很可能就是一个老兵吧；而年轻的中尉却显得非常兴奋，一脸快活的表情，亲切地喊着“爸爸”，他在尽可能让自己的父亲振作起精神来。我深为我们的战士感到骄傲，他们是那样纯朴、真诚、善良。我为国家能培育出这么好的战士备感欣慰，几乎忘了他们是即将要投身于残酷的战火里的人。当火车在另一个车站停下来的时候，我看到一伙奇怪的人里面有个年轻的军官，他显然是受了伤，一条腿打上了夹板，脑袋上缠着绷带。他坐在长椅上，两个强壮的士兵紧挨着坐在他的两边。为了让受伤的军官感到些许的安慰，两个士兵的脸上强装出愉快的表情，分别握着军官的左手和右手。一开始我看得并不清楚，因为军官面前还站着另一个士兵，他正在给军官打气，与此同时还用身子挡开过往的人们。等这个士兵走开后，那个年轻的军官抬起了头，我看到了一张憔悴低落的脸庞。他因疼痛而皱起眉头，那充满忧郁的大眼睛里显得失魂落魄，四下里惊恐地张望着。突然，他开始用力地跺地板，并试图从战友的怀抱里挣脱出来，却终因无力而瘫坐在椅子上，愤怒而又绝望地把脑袋埋在胸前。这个悲戚的场景，我至今历历在目。

就在火车要开动的时候，一个军官走进我的车厢。落座后，这个军官对我说："你刚才看到的是令人悲哀的一幕——那个年轻的军官曾是我们最好的战友，被德国人俘虏了；他逃了出来，一路上不知吃了多少苦才回到我们队伍当中。我们把他送进了医院；但是恐惧和焦虑令他几乎崩溃。人们担心他已经变得精神失常，没有恢复的希望了——有关部门正在送他去疗养院，不过我看他很难有机会康复；他不仅腿受了伤，而且头部也受了伤。他曾经是有钱人家的孩子，却因战争改变了命运，而且不久前刚刚与一位迷人的姑娘订婚……"

3

这个画面让我们不得不意识到我们每个人都面临着一种难以忍受的痛苦的生活现实，这样的现实完全不同于沼泽地的故事。我不打算对此进行争辩或者讨论，因为顺着线索回到现实生活，你就会无助地陷入一系列可怕的问题：那就是我们该如何应对生活中出现的灾难，尤其是那些令人极其痛苦、难以忍受的毁灭性的灾难；如何应对现实中的各种冲突和争斗，尤其是那些让所有受牵连的人感到畏惧、唯恐躲之不及、令人厌恶的争斗，因为这样的争斗只能带来许许多多不幸的悲剧。然而，残酷的灾难或者冲突总是不可避免地发生。没有人希望发生战争；所有发动战争的人无一例外都能为自己找到借口，说他们这是为了自卫而在战斗，并坚持声称他们为和平做出了不懈的努力。但是，巨大的命运之磨在转动，磨出死亡、耻辱和毁灭。每一个渴望和平的人，还有每一项和平提议，都被淹没在痛苦而又愤怒的喊叫声中。最英明的人不厌其烦、喋喋不休地一再狡辩，说什么这样的战争能为人民带来和平。母亲以无比坚强的力量和勇气把儿子送到前线，最终听到的却是儿子躺在一座无人知晓的坟墓里的消息，而她只能强忍着自己的泪水。多年的劳动成果消耗殆尽，土地荒废，弱势的、无辜的人们得到的只有伤害和欺骗；然而，庞大的战争机器还在轰鸣着向前驶去，留下的是仇恨和恐惧；而人们却一直在祈望上帝的仁慈和怜爱，恳求上帝赐福于他们所拥有的一切。

那么，如果我们遇上了这样的问题，除了像历经危难仍坚信上帝的约伯那样俯伏在地，痛苦而又绝望，忍受着灾难的打击，还能做些什么呢？在这样一个时刻，面对这个充满战争、杀戮、欺骗的世界，还有什么希望会让我们回到可以让人感到安逸幸福、心情愉快安详而又高雅的社会和不那么烦心的日子呢？本书汇集了我在一段时间内写成的一些东西，而这段时间的记录似乎将当下与一连串不幸的事件分隔开来。很多时候我们被迫看到混乱和毁灭，当再次面对眼前所展开的古老而和平的画卷，我们还能适应吗？还是说，烧毁以往旧事的记录更为勇敢呢？

4

我认为放下当下的不幸、走进昔日那些古老而和谐的生活画卷是正确的，也是审慎的，因为我们能做的、最为靠不住的、最为怯懦的行为就是不再相信生活。然而，昔日那些古老的美景确实还在这个世界的某一个安静的角落里真实地存在着，而且只要你用心呼唤，它便会再一次真实复现。我们须努力恢复昔日俯拾即是美景的真实生活，我们应该回归这样的生活。我们必须努力重新树立这一信念，而不是脆弱地承认我们迷失了前进的方向。承认我们被邪恶击败，并不能有助于我们彻底驱逐邪恶；我们只有坚持对劳动、秩序、和平的信念，才能征服邪恶。我们必须抵御诱惑，不要过度地从哲理角度解释战争。极少有哪个人的头脑够聪明，够清醒，能掌控并解决所有的问题。我可以不假思索地告诉你，我不相信战争已经扭曲了我们对和平的看法。我们必须比以往任何时候都要坚持和平，我们必须强调和平，我们必须时刻不忘记和平。在我看来，战争就是邪恶势力的爆发；抵制战争，最好的办法不是对战争进行思考，而是追求快乐和健康。中世纪给欧洲带来巨大灾难的那场瘟疫并不是靠哲学战胜的，而是凭借着人们改善居住环境的愿望，讲究卫生、健康生活的理念战胜的。这种本能不是哪一种哲学或者学说创造出来的；而这种本能在任何地方都有可能出现，并逐渐成为大家的共识。

对战争进行反思，把时间花在分析战争发生的诸多复杂因素上，在我看来那是未来历史学家的任务。但是，作为一个爱好和平的人，面对可怕的战争，如果可以，就应言简意赅地讲清楚和平的意义，以及人们为什么渴望和平。我并不是说和平就是过着懒散的生活，沉湎于温和的幻想之中。我指的是人们通过辛勤的日常工作，相互的理解，彼此慷慨大方的帮助，为消除疑虑、安慰心灵和振作精神而做出的努力。和平时期也会出现真实的冲突——当然不是指国与国之间派出最优秀、最勇敢的战士相互进行的流血战争——我说的冲突是指人类向罪行、疾病、自私、贪婪和残暴宣战。要进行的斗争还有很多；我们为什么不能联合起来与我们人类共同的敌人进行战斗，反而相互削弱应对邪恶的力量呢？战争让我们破坏了最好的人类关系，白白耗费了体力和精力，失去了我们储备起来的财富，却让冷酷的情感找到了发泄的机会。

5

不过，在目前的战争中，我从内心深处觉得值得努力奋斗的就是争取自由的希望。很难说清楚什么是自由，因为自由的本质是征服个人欲望。德国人声称只有他们懂得自由的意义，而且他们依靠纪律实现了自由。但是这场战争的苦难却源于这样一个事实，即德国人并不满足于树立有吸引力的道德榜样，这种不满足的结果就是让世界不得不做出选择；否则，如果世界不选择他们的道德观念，他们将付诸暴力和刀剑强迫世界人民接受。正是这一点让我感觉到，战争也许是各个国家一种巨大的抗议，这些国家的统治者们在心理上有着对未来的一种占有的欲望，而这种欲望恰恰与可以体现过去生活精神的理论形成抗争。这似乎有点前后矛盾，我认为战争也许是和平希望处于走投无路的困境时的集中反映。如果各个国家能清楚这一点，就不会冒风险采取报复行为，也不会在获得胜利的时候用战利品奖赏自己；如果战争的结局是德国人真诚地让我们确信，他们对权利和公正的概念是因为受到了误导和毒害，而且极不文明、相当野蛮与残酷，那么，作为未来世界安宁的代价，我们所有承受过的苦难或许还不会太沉重；因为许许多多的日日夜夜，人类和平的天空布满了无重拨云见日的阴霾。

6

我们无法回避对战争的思考；我们不能，也不应该这么做。我们也不能求助于梦想，徒然地企盼和平和安全，逃避战争；在这样一个时期，我们所看到的每一份报纸、每一本杂志，满篇充斥着的是战争及战争所带来的苦难，肯定也会有一些人，无论是男人还是女人，他们会明智地避开战争的话题，以便在情感方面保持自己一如既往的良好精神状态。假如我们默默地沉思着战争，假如我们的头脑里充满着战争意识，尤其是假如我们是无法避免的战乱年代的平民，战争会让我们陷入逐渐恶化的恐怖之中，使我们成为无助而悲惨的人。但是，无论发生了什么情况，我们必须努力，不能让战争使我们变得越来越糟，情绪忧郁，歇斯底里，失去了信念和希望，对生活感到恐慌。这种恐慌与无望才是危害性最大的灾祸。我们应该尽最大的努力抛弃狭隘的思想，保持比较从容、健康的心态，让我们的精神领域更为宽广。我们知道，一条长时间被拴着的狗，一旦放开就会变得非常凶猛狂暴，满脑子里都是假想的敌人，所以，大多数平和的过路人就有可能成为它的攻击对象。自从战争爆发以来，我一直感觉到天空中弥漫着某种毒气，人们开始倾向于怀疑、好斗，甚至产生了茫然的敌意。如果能够的话，我们必须驱除这种邪恶的精神状态。而且我认为，最好是让我们的头脑回顾一下古老的和平画卷，并坚信我们认为即将到来的和平具有更伟大、更高尚的品质；这样我们也许就能充分意识到我们曾享受过但并未把握得住的幸福；还可以制订出计划来重新把握真正的幸福，其精髓在于人们之间相互的信任，其愿望是共同分享所有美好的东西，而不是把幸福藏匿起来并严加防范。

某天，一位聪明无私的女人给我写了封信，信里面的话让我永远难以忘怀；她以极大的勇气，毫不畏惧地把自己最心爱的人送上了前线。“无论发生了什么，我们决不能屈服，”她写道，“当全人类处在战争的水深火热之中时，我们仅仅为自己的财富而担忧简直是毫无意义。”

这就是症结所在！在战争期间，我们绝不能做的就是向其他任何人指出他们的牺牲应该是什么；我们只能而且必须做出自我牺牲；也许，爱好和平、珍惜和平的人并没有做出一点牺牲。即使这样，他也可能试图认识到，生活本身并不相互矛盾；但是生活的组成部分，无论是令人愉悦的还是令人畏惧的，却以一种不可思议的方式相互交织在一起，无人能够逃避。

第一章

逃 避

正是各式各样的体验才使得生活丰富多彩——劳作与休息、痛苦与解脱、希望与满足、危险与安全。变化的过程令人快乐，让我们懂得了哪些事情可为，哪些事情不可为，从无知到有知，从笨拙到灵巧。

世界上最好的故事只能是现实生活里的事——我们先来说说逃避的故事。从古到今，让我们始终感兴趣的事情就是如何逃避，人类的成长史也是一部逃避的历史。约瑟的故事、奥德赛的故事、浪子的故事、《天路历程》的故事、《丑小鸭》的故事、《小妇人》的故事，这样的故事太多了，我只是列出了其中的几个，深入的思考后，你会发现这些故事都是有关逃避的故事，与所有的爱情故事一样。古老的谚语说得好，“爱情的道路从来就不是平坦的”，而爱情故事讲述的也无非就是男人和女人如何从爱情的荒漠逃离出来，奔向爱情的避难所。即使像《俄狄浦斯王》和《哈姆雷特》这样的悲剧，从其背景上讲，也有着相同的主题思想。在俄狄浦斯的故事中，年迈并且失明的国王穿着破烂的袍子，无意识地犯下了如此难以形容的罪行，把他的两个女儿和几个侍从丢弃在圣泉旁老梨树和大理石墓碑之间；他以微弱的嗓音说出了最后的爱情箴言，这时空中传来了上帝震颤的声音：

“俄狄浦斯，你为什么还在拖延？”

俄狄浦斯立即沉默地走开了，依靠在提修斯的肩膀上，等到在场的人终于敢睁开眼看时，他们看到提修斯远远地离开了，身影孤独，用手遮住自己的双眼，似乎某种强烈的光线太令人感到敬畏，凡人的眼睛不能看到他的目光；但是俄狄浦斯走了，没有悲伤，而是满怀希望和疑惑。即使哈姆雷特死了，轰鸣的炮声响起，也应该祝贺他摆脱了无法忍受的痛苦。生活中也是这样。一些人用双手结束自己的生命，如果我们的目光落在这样悲哀的故事上，很难见到他们潦草写成或匆匆说出的什么话语，似乎他们进入了沉默或者无知觉的状态！其实不然。那些因灾难而变得疯狂的父亲们和母亲们杀害他们的孩子，希望与他们最心爱的孩子一起逃脱他们无法忍受的苦难；他们意欲与孩子一起飞走，就像圣经故事里的罗得带领妻女逃离即将毁灭的城市一样。自杀的人并不是仇恨生活的人；他非常热爱生活，只是生活中的悲哀和耻辱实在让他无法忍受。他是在努力寻找，试图移居到其他的环境当中；他渴望生活，但又不能就这么生活。正是人类的这种幻想才使得有人寻求死亡；只有动物能够忍受，而满怀希望寻找更好生存环境的人却匆匆离开了这个世界。

如果说到如何应付人力所不能及的事儿，想想吧，人类的想象力是那么虚弱，甚至会让你觉得不可思议。如果一个人想逃避现实生活，无论他怎么做，如何设计，他的能力都很有限。被光线照耀着的圣徒发出令人生厌的吼叫，这样的叫声将中世纪的天堂空想变成了持久的圣歌——这从深度上讲对于渴望新生的个体都没有太多的吸引力，对充满活力的精神心灵也根本没有任何影响力。即使古希腊哲学家苏格拉底的思想，伟大的思想家不受约束、逆向思索出来的愿景，也只是一种无法说服他人的想法，因为这样的思想所能产生的加工材料实在是太少。

然而，正是各式各样的体验才使得生活丰富多彩——劳作与休息、痛苦与解脱、希望与满足、危险与安全—— 一旦我们将变化无常这样的概念从现实生活中移开，所有生活都会变得单调、乏味、无法令人振奋。变化的过程令人快乐，让我们懂得了哪些事情我们可为，哪些事情不可为，从无知到有知，从笨拙到灵巧。甚至我们与所爱的人的关系也是这样，关系是否密切，那要看我们在他们身上发现了什么，是否可以不断在对方的身上发现未知的东西，抑或我们可以在多大程度上帮助他们或者影响他们。从本能上讲，人们不喜欢一成不变、停滞不前的生活；在人类的生活当中，如果没有什么可逃避的，没有什么可盼望的、没有什么可学的、没有什么想得到的，坦率地说，这样的生活几乎也是无人能忍受的。

人们为什么怕死，那是因为死亡的阴影似乎游荡在我们熟悉的日常生活之中。什么也不做，仅仅依赖于回顾过去的美好时光是件很可怕的事情。追忆唯一的用途在于可以分散我们对目前处境的注意力，尤其是在我们生活状态不佳的时候。有句话说得好：悲伤的时候回忆快乐的事情是一种最残酷的折磨。

有一次，丁尼生患了重病，他的朋友——英国教士、古典学家周伊特给丁尼生的太太写信，建议丁尼生多回想自己做过的好事，这样也许会感觉舒服一些。但是这种舒服感可不是重病患者想得到的；我们也许妒忌或羡慕一个好人曾做过的诸多好事，但是我们真的不能假定，一个好人能够通过沾沾自喜地默想自己所取得的成就来让自己最终感到满足。在很大程度上，一个人往往会想到一些自己本可以完成却没有完成的事业，而且不太可能用这样的想法来折磨自己。

依我看，上了年纪或已退休的人逐渐会使自己平静下来，相当安分，这是真的；但这是垂暮老狗般的宁静，懒洋洋地晒着太阳，打着盹儿，如果有什么动静让他兴奋起来，也只是会摇摆几下尾巴，仍不会离开自己的老窝；如果一个人的生活状态到了这种地步，身体越来越差，头脑越来越困倦，那就会默默地怀着感恩图报之心，不再期待着什么了。但是，我能够想象到，不会有人真的希望就这样步入不朽；疲惫厌倦，无精打采，最大的希望就是永远也不会被人打搅。我们绝对不会相信昏昏欲睡，失去忍耐力的精神能构想出人性的真实希望。假如我们相信下一次体验就像远航后归来的水手们那样：

> 午后（他们）登上了陆地
> 在这里所有一切似乎总是像午后阳光

那么我们就可以在无梦的睡眠中默然，这才是人类最好的希望。

就像我已说过的，我们最好还是相信最健康、最有活力的精神愿望，因为所有这些愿望都与逃避的冒险经历有着紧密的联系。在我们的生活道路上有很多敌对的东西：路上不时出现的杂树丛林不仅长得浓密，而且布满荆棘利刺；我们的信仰告诉我们神灵不希望人类就这样行走在黑暗里，让阴影尾随着我们的脚步，而且我们能给出的唯一的解释就是，如果希望或者愿望不能促动我们向前，我们就需要让恐惧来刺激一下。我们不得不保持行动，如果我们不是朝着目标跑去，就会选择逃避，并不时回头看几眼让我们感到恐惧的东西。

欧洲有这样一个古老而奇特的寓言故事，说是有个人行走在沙漠上，就在他走近一片树林时，他突然意识到有一头狮子顺着他的踪迹跟在后面，而且离他越来越近。为了安全，这个人急忙逃进树丛里。他看到地上被人挖的一个大水塘，四周围着用石头粗糙地砌成的塘坝，坝上长满树丛和花草。他快速地抓着树干爬到了水塘边，紧靠着水塘上方有一处突出的岩石，就在他准备跳上岩石时，他突然看见水里有一条大蜥蜴，张大着嘴，恶狠狠地盯着他。他急忙停下来，紧紧抓住岩石旁一棵树的树杈。就这样他抓着树枝悬在那里，向上爬会遇上狮子，向下跳又会碰上蜥蜴。这时他感觉到树枝在颤抖，抬头望去，在他手够不着的地方有两只小老鼠，一只是黑色的，一只是白色的，正在啃食他抓着的树枝，很快就要把树枝咬断了。他绝望地等待着。就在这期间，他看见眼前的树叶上有几滴蜂蜜。他用舌头舔了舔，然后咽下去，仍然可以品味出蜂蜜的香甜。

无疑，我们可以将小老鼠看作是生活中夜以继日地待在那里的烦恼，而蜂蜜是生活中的香甜美味，即使我们身处生死攸关之际，也可以品尝或津津有味地吃到美味；事实上，人生无常，即使我们抓住不放的绳索就要断了，生活的不稳定性或者存在的危险并不能分散我们对生活乐趣的关注。人生的旅程完全是一次逃避过程中的冒险；即使身处最不安全的境地，我们也完全有可能惊奇地发现其中的甜蜜。

同样，在生活中，如果一个人想要冒险，体验各种冒险的经历很容易，因为生活本身就是一场冒险。愚蠢的人们有时认为，除非一个人徘徊在酒吧间门口，或者闲荡在台球室里，或者在船上当水手，或者去山里挖金子，或者到荒野上探险，或者猎杀珍奇的动物，或者在一群喝得醉醺醺地，扯着大嗓门叫骂的人堆里讨价还价，否则就不会有什么冒险的经历。当然啦，经历类似的冒险还是很容易的。我有一个亲戚，他的生活就充满了变数：当过水手、职员、警察、士兵、牧师、农场工、教堂司事。但是这种变化无常、居无定所的生活很适合他：他是一个很随和的人，勇敢、鲁莽、好动；他不在乎生活有多么艰苦，让他按部就班地做事或者静下来安顿一会儿，简直会要了他的命。他不是不喜欢生活。有一次他告诉我，他曾半裸着身子，悬挂在船身一侧，舀取一桶桶水来擦洗船板。而当时的室外天气状况是，把水泼在船板上立时就结冰了。尽管有着各种不同的生活经历，他却没有从中学到任何特别的东西。他总是老样子：性格和善、爱说话、天真幼稚，既不瞻前也不顾后，最喜欢和水手们一起在小酒馆里讲故事。他对大多数陪伴在身边的人感到满意，花起钱来满不在乎；尽管他打心眼里鄙视那种宅在家里、非常保守的生活方式，但他也并没有从他的生活方式中获得什么智慧，也没有培养出什么幽默感，算不上愉快，也算不上独立。

不是每个人都能成为这样的人，只有少数的人可能这么生活，因为实际上大多数人宁愿待在家里，从事一般性的工作。我的表弟就不喜欢出去工作，不是到了迫不得已的时候他是不会去工作的。这样的人似乎属于古老的阶层，很像四处玩耍的孩子们，无忧无虑地玩着，因为有人工作来为他们提供衣食住行。如果所有人都试图靠别人生活，这个世界就会变成破旧肮脏、悲剧横行的地方。

尽管我敢说，假如我也经历过一点类似的艰苦生活，我会成为一个更好的人，但我也不太可能这样去生活。我很少有过死里逃生的经历，但我也遭遇过许多十分棘手的麻烦事儿，也出现过长时间的焦虑，不过我还是以自己的方式努力工作着。我有点像前面讲的寓言故事里的那个人，夹在狮子和蜥蜴之间很多年；就我的性情和财富而言，我也有需要忍耐的事情，而我的那个表弟是从来不会忍受这些的。所以，当一个人的生活得到了庇护，日子过得兴旺之时，往往也是危险、急欲逃脱的、使人不安的恐惧感伴随着出现之日。

你对生活和生活的动机观察得越细致入微，你就越能体会到想象力是改变世界的动力，尤其是那种希望从束缚或限制我们的环境中逃脱出来的想象力。小孩子从来不计划自己长大了做什么，只要能随时吃到美味、自由地玩耍或者可以随意地花钱就会快乐无比；女孩子盘算着怎样通过独立或者结婚摆脱父母对自己的管束；母亲们野心勃勃地望儿成龙、望女成凤；政客们渴望获得权力；作家们则希望能赢得世界的关注——这只是随意举出的几个例子，类似的愿望每天都在驱动着我们，促使我们梦想着拥有更多的财富，更自由的生活，摆脱我们当下无聊而备受限制的处境。这是人类现状的真实写照。虽然有些从容安详的人对自己的生活感到满足，但是在大多数人的脑海里总还是存在着一点可以让他们骚动的欲望，驱动他们想象着通过某种方式获得更安逸，更自在的生活；还有一些人身心疲惫、心灰意懒，他们对自己所拥有的生活并不满意，但是却在恐惧中默默顺从命运的安排；然而，无论是谁，只要参与了世界的发展，就会为自己或为其他人制定充实的规划，只要有足够的信心和意志力，没有什么可以阻塞或妨碍他对生活的经营和向往。敏感的人们希望看到生活更加和谐美好，健康的人们渴望得到比以往更长的假日，信奉宗教的人们渴望进入神秘的迷幻状态。事实上，为了实现圆满，总会有一个愿望持续不断地在人类的身上起作用。

然而，无论如何，绝大多数的证据向我们表明，成就那些小梦想并不值得渴望，即便很多小愿望得到了实现也根本不能让我们的身心安顿下来。即使我们实现了自己的规划，获得成功，与心爱之人成婚，赚了一大笔钱，过上了舒适休闲的日子，甚至收获了权力，那么很快，更多更大的愿望就会出现在眼前。一次，我在一个政治家发表竞选胜利演说后向他表示祝贺。

“是的，”他说，“我不否认，一个人期望一旦得以实现，的确让人欢欣鼓舞，哪怕只有一次。但是随之而来的阴影就是由此产生的恐惧，担忧自己在达到某个高度后，没有能力保持下去。”

对成功的可怕惩罚就是害怕以后出现的失败，这种恐惧感常常萦绕在成功者的心头。更为悲惨的事实还在于，当我们拼命想获得一个结果时，我们往往会失去以前激励我们的目标。与其他事情相比，人们对钱财的追逐最能说明这一点。我就有几个这样的朋友。他们在开始创业的时候，都坦率地承认自己有着相当明确的意图和目的，比如说必须赚取足够的钱，以便让家人过上富庶的生活，过上他们所渴望的日子；比如外出旅游、有时间读书写作，无忧无虑地享受着休闲时光。可是当他们真的完成了自己最初的规划时，他们原有的愿望却消失了。他们不肯放弃自己的工作；他们觉得留有更大的余地、再多赚些钱会更安全些，接下来的日子便会周而复始。他们担忧自己的生活会变得单调，不愿放弃现有的繁华、奢侈，所以不断地结交朋友，而且不希望中断这样的联系；他们必须为自己的家庭提供更多的财富。他们没有察觉到整个计划的实质已经发生了变化。即使是这样，他们仍然在盘算着逃避一些东西——也许是无聊，也许是焦虑，也许是恐惧。

对任何人来说，从理论上找出上述问题的症结并不容易。也就是说，我们每个人的工作与世界的发展其实没有多少关系，但是对我们自身却关系重大，我们必须从事某种工作，让自己参与到社会生活中去。这一点上，我们人类似乎非常弱智或者愚笨。我们总是不断地受到幻想的贿赂和诱惑。在我认识的朋友当中，有些人年轻时干劲十足，到了中年也是充满活力。他们具有很强的自我价值实现观念，非常关注自己的事业成功与否。可是随着年龄的增长，他们事业成功了，价值观也逐渐改变了。他们真的变了，变得做事迟缓，遇事常与别人商议，表面上装出一副恭顺的样子；他们也许还会变得格外细致，更富有同情心，直面无可奈何的现状；他们已经感觉到自己的使命似乎已经完成，权利和影响力已经落到了年轻人手里。但是他们永远不会失去这样的感觉，即他们存在的重要性。我认识一位年过八旬的牧师，有一次他当面向我宣称，那些说老年人已经失去了处理事务能力的人真是可笑。

“为什么，”他说，“只是到了最近几年我才觉得自己真的对工作得心应手。我现在完成一项工作所花费的时间比以前少多了，可效率却很高、很有方法。”其实这位老牧师这种感觉并不准确，因为实际上整个工作几乎全都是他的同事做的，需要他动手做的事情没有多少，除非纯粹的礼节性事务。

我们没有能力面对这种现状，而且我们还根本不满足于认识到这样一个基本道理，那就是让我们从事的工作并不是出于对工作内在价值的考虑，大部分时间只是因为工作是我们谋生的一种手段和方式。这确实让人觉得可悲。

确实如此，管理世界的秘密似乎会被并无恶意的嘲弄所揭穿。控制我们的力量似乎在提示我们注意，我们必须就像孩子们那样，爱惜每一次被准许跑出去玩耍的机会，努力做事，否则我们会被人忽视——这还是在寻求那种“我是否很重要”的感觉。举个例子，慈祥的父亲正在整理账单，为了让孩子安静，他让一个孩子拿着记事簿，另一个孩子拿着墨水瓶，这样一来，孩子就会相信他们在帮父亲的忙，殊不知这是父亲怕他们捣乱。

奇怪的逃避感，能够驱使我们精力充沛地行动起来，但这并不是说这样就可以实现我们生活的终极目标，事实是在许多目标实现之后，你会发现它们多半没有什么价值，空洞虚伪得很，我们的终极目标是为了获得善行的效果，需要细细去品味生活的点滴。由作家和艺术家设计并规划出来的乌托邦或理想国均告失败，其原因在于缺乏至上的力量来引导和揭示实现的路径并维系可持续性，无病无灾、无忧无虑、过着幸福生活的人们将如何让合理而又充满激情的生活继续下去呢，因为一切都那么美好，所有的疾病都可以治好，所有的困难都能克服，没有什么需要人们努力改善的了。实际上，英国诗人、社会主义联盟的组织者威廉·莫里斯在其《乌有乡消息》中，借他笔下的人物之口坦白，如果那样，就几乎也不存在什么令人愉快的工作了，例如晒干草、架桥、修路、木工制作，人们所能做的就是逍遥地四处闲逛。而且莫里斯描绘的生活场景完全没有私有的概念：进了商店你想要什么就可以拿什么，不必付钱；在宾馆里，老式而别致的卡拉夫酒瓶装着浅黄色的葡萄酒，饰有蓝色条纹的灰色陶制盘子盛着美味佳肴，还有激情四射的舞会、美女的爱抚，唯独没有上了年纪的女人。最初我们或许还会为其所描述的场景激动不已，可是细细回味，我们就会突然生出十分奇特的厌倦感和空虚感，因为莫里斯这种乌托邦的生活毁掉了人类兴趣的来源，并把所有人统归到同一种类型。作为当今社会制度的一种对照，乌托邦构想足以让人感到新鲜，但是从整体上看，却非常乏味。除非生活中出现了某种非常积极的精神，否则这样的社会还不足以除掉世界上那些好斗的、贪婪的、粗俗的成分。莫里斯本人认定，艺术可以弥补缺失的力量，但是艺术并不具备交际性。真正的艺术往往是一种孤独的行为，既有空闲又喜欢相互吹捧对方作品的艺术家并不多见。

更令人沮丧的是英国哲学家 J.S. 穆勒的梦想。在一次聚会上，有人问这位实证论者和功利主义者，如果人类按照自己的意愿和规划进行了完美的改造后，还应该做些什么呢。踌躇了很长时间后，这位哲学家才勉为其难地答道，人们也许可以通过阅读桂冠诗人华兹华斯的诗来获得满足。但是华兹华斯的诗之所以有效，是因为诗人的思维方式比较新颖，与世界常规思想模式形成了反差，令人耳目一新，任何人只要采取了不同的生活观点都能写出类似的诗篇，仅此而已。

所以，暂且不管怎样，我们必须意识到，想象力为我们提供的仅仅是一种动机，而不是目的；不错，我们应当竭尽全力地努力清除生活里卑劣的成分，这确实非常重要，然而我们也须有足够的勇气和智慧承认，我们最大的幸福正是来自我们与生活中那些不和谐音符的“搏斗”过程中。

英国作家爱德华·菲茨杰拉德曾讲过，现代写作的毛病在于试图把太多的美好事物压缩在一页纸上，他们的目标偏差太大，完全没有注意到人与人之间那种原始的距离。我们不能试图把我们的生活变成一场永不散席的盛宴，至少我们不能有这么做的企图。我们必须做生活的强者，而不是可耻的逃兵；我们必须面对这样的事实，即生活中的素材即是原始的，也是有缺陷的。如果我们有能力的话，我们就能意识到，幸福总是与人们摆脱不可能避免的恶劣环境的努力有着密切的关系。年轻时，我们心中充满激情，我们会认为这是个乏味的决策；但是，如同所有伟大的真理一样，我们会随着年龄的增长逐渐领悟到努力生活的意义。等我们从人生的“山上”跑下来，我们就会理解平原有多么广袤、多么复杂、多么精致，一块块田地、一片片树林、一座座村庄、一条条河流都是那么富有诗意和内涵；如果到了中年我们能模糊地意识到，生活的实际真理要比我们年轻时认识的更广泛，更美妙，那我们就是幸福的男人和女人了，因为年轻时我们缺乏耐性，对生活充满了许多不切实际的幻想。当然，年轻时沉湎于自己美好的梦想当中也不是坏事，只是，如果当初就能了解人生真实的宏伟蓝图，那该多么好啊！

在《天路历程》里，就要启程的时候，福音使者问基督徒为什么站在那里不动。基督徒答道：

“因为我不知道向何处去。”

福音使者以某种黑色幽默的方式，当即给了基督徒一卷羊皮纸。你不要以为那是一幅地图或者行程指南，因为上面写的全部内容就是一句话：“在惩罚到来之前赶紧逃掉！”

不过，我们现在害怕的不再是这个，不是地狱之火，不是大风暴！世界背后的至上力量有比这更好的礼物，可是我们仍然还得逃跑，无论在什么地方，只要能够，就尽快地逃跑；当我们跑过一大段昏暗的路程，所经之处总有美妙的事物，我们越过了可怕的洪水，我们会发现——至少这是我的希望，不设防的上帝之城，到了这里我们也许不再想着出去，但是，在前方更开阔的田野和高地上又出现了一条路，那里有着更多的美妙和奇特且不被人知的事物正等待着我们去发现。

第二章

文学与生活

作家的声音是从心灵深处向读者心灵深处发出的呼唤；作家给人启示，让人产生灵感，刺激人们积极向上；作家表达思想的方式是那样的美妙，所创作的是能满足人们精神需要、值得人们敬重的作品。

在某些作家中存在着一种很不好的倾向，我绝对不是说那些伟大的作家，而是说那些所谓的文学追随者。如果他们知道如何去创作，本可以让自己成为名家，可他们却偏偏喜欢模仿著名思想家或者艺术家。一说到写作，他们就认为这是神圣的行业，应大力地颂扬；他们还认为文学写作是超然而又神秘的事情，需要高人指引才能理解，绝不是庸俗的平民百姓所能从事的工作。我对此始终非常怀疑。在我看来，这是在装腔作势，目的在于引起社会公众对作家的羡慕和尊敬。这与男巫的“道具”有着相同的预设作用，例如男巫的长袍和魔杖，填充的鳄鱼，还有角落里的骷髅，因为锁上一个箱子或者给箱子加上两道锁，就会引起人们的骚动，从而引发人们的猜测，很想知道箱子里是否装着什么特别的物件。小的时候，我有个哥哥特别喜欢把他私藏的宝贝锁进盒子里，然后拿出盒子向我们炫耀，打开盒子上的锁，微笑着朝盒子里瞥上一眼，再轻轻地盖上，故作神秘地锁好，期待着我们能表现出强烈的好奇。可是后来经过“侦查”，我才知道他的盒子里面并没有装着什么宝贝，无非是些羊毛、干瘪的蚕豆和子弹壳而已。

所以，我也清楚地知道，有些作家和艺术家把他们所从事的工作神秘化，表现出了一种虔诚，似乎需要想象力的写作行当和艺术创作是个极其复杂的过程，不能向普通百姓解释，所有权只能归属于某个同业协会。这样就出现了各种派系和圈子。如果他们的作品没有得到世界的承认或者喝彩，圈子里的人就会相互赞赏，相互告慰，试图通过他们之间的亲密关系抵消公众的冷漠。

这也不适用于那些对艺术真正感兴趣的群体。对艺术（无论何种艺术）有着浓厚兴趣的人们会形成一个趣味相同的圈子，坦诚而又热情地讨论各种创作方法，以及他们所喜爱的书、思想见解、绘画和音乐。这是一种完全不同于其他的事情，是一种不易受到外界影响的浓厚兴趣。为了排斥而排斥的欲望就会致使这样的热情变得低劣并出现病态；沉湎于孤独的痴迷，希望自己的声音被人听到；眼睛留意着公众的反应；试图让别人困惑不解；利用人类好奇的本能，这可是人类天生的欲望，都想知道某个群体内部的事情，似乎其内部有着什么令人兴奋的交易。

例如，拉斐尔前派画家就是一个团体，而不是一个排外性的小集团。他们全身心地投入创作当中，享受着艺术创作的乐趣，留心寻觅艺术的发展前途，欢迎并赞美某种类的作品，就像女诗人罗塞蒂认为的“那种使人深感震惊和绝妙作品”。他们对自己的领域很有把握。这个兄弟会及其创办的刊物《萌芽》，还有神秘的首字母签名，组成的是一个庞大队伍；他们团结一致，因为他们希望像刺杀暴君那样深入批判时下伤感的庸俗艺术。当然，他们的影响力还不足以掀起一场革命，只不过是流动的河水所泛起的涟漪，而且他们内部很快就出现了分歧，大多数成员另起炉灶，以他们自己的行为方式继续创作。这场运动所体现的力量不过是他们对艺术如饥似渴的追求，对美的大声呼唤，就像切斯特顿先生说的那样，如同普通人对啤酒的喜爱。但是他们的目标不是把艺术神秘化，也不是扩大他们自身的重要性，而是引导同化对此持怀疑态度的人，从而创作出更多、更好的作品。

在盎格鲁–撒克逊人的性格里有种气质。总体来说，这种性格气质让他们不适宜运动或参加群体活动；维多利亚时代文学艺术界的伟大人物也都是孤独的人，与传统规范显得格格不入，他们都有着极强的个性，完全按照自己的思路进行创作，不太顾及流派和常规。盎格鲁–撒克逊人虽惯于顺从，但是不喜欢仿效别人；他们用自己的方式做事，脑子里充满着奇思妙想。就拿华兹华斯、济慈、雪莱、拜伦这四位同时代的伟大诗人来说，他们的作品相互受到的影响就很小。想一想司各特在总结自己的艺术信条时说的话吧，他说自己已经获得了成功，而他获得成功的程度在于自己能够坦率真诚的进行快速创作，他这么说的意图是为了取悦年轻而又热切的人们。确实，华兹华斯对自己的作品保持着庄重的权威，承担着类似于祭司的职责，从来不反对招待热情的来访者，愿意向来访者讲述自己的创作过程，并向他们介绍某些作品是在什么地方写出来的。但是华兹华斯，就像菲茨杰拉德真实描绘的那样，非常骄傲，不是自负——骄傲得就像高高飘浮在天上的云或者孤傲的山。他需要的不是获得称赞或者喝彩，他需要的是完成自己作为诗人的责任并渴望他人的理解。

以后来的伟大诗人为例，丁尼生喜欢写一些宏伟壮丽的诗篇，像孩子般的自我陶醉。他曾说过，公众渴望了解艺术家生活的私密细节，但是这种好奇是最有辱人格、最低俗的行为，说到这里时，他叹了口气接着补充说，关于对他声誉的赞美最近一段时间好像减少了；好些日子了，他居然没有收到赞美自己的信件！

勃朗宁则是另一种情况。他严格地把自己的痴迷和写作进展对外封锁起来。他似乎从未向别人透露自己是如何构思或写诗的。他对自己的职业就像很有修养的股票经纪人一样谨慎，轻易不会开口说什么。他尽自己最大的努力给人留下完美绅士的印象，高雅又不失传统，闲聊一些不那么非常有趣的奇闻逸事，尽可能表明自己是个普通人。的确，在18世纪与文学这一领域相关的工作还不是那么特别受人重视，我相信这个观念一直让勃朗宁苦恼着。还有，就像格雷那样，勃朗宁也希望被人视为一位隐居的绅士，写作只是他个人的乐趣罢了。后来的几年里他经常外出度假，目的不是私下里找个地方沉思，而是为了摆脱令他疲惫的社交活动，恢复自己的精神状态。这方面，勃朗宁确实是文学界里最神秘的人物之一，因为他内在的诗人生活完全远离了他外在的聚会吃饭、喝茶聊天的生活。他的内心里，常常是翻江倒海。他高度赞扬人类激情的价值，积极投身于揭露可耻灵魂的秘密，然后从自己的写作状态中脱身而出，摇身一变又成了谦恭有礼、举止得体的绅士，他的外表看上去像是一个退休的外交官，他的谈吐像是一位睿智的商人——只要有机会，他便如此这般地表现自己，他似乎希望自己是一个与大家一样有幽默感的人。

我们又该通过什么来认识狄更斯呢？是他对私人戏剧演出的喜爱，还是他那漂亮的马甲和金表链？是他那感伤的激进主义，还是他那为人直爽、和蔼可亲、饮酒作乐、喜欢社交的生活方式？狄更斯同样痴迷于孤独的写作，他似乎并不喜欢讨论创作思想和方法。后来，为了有利于写出更多作品供读者阅读，也是便于自己赚钱，狄更斯也辞去了工作，专门从事写作。他的这一举动也颇为古怪，值得文学界研究。这一点上，狄更斯与莎士比亚比较相似，也就是说他后期的生活激情似乎用在了实现资产阶级繁荣的理想上。狄更斯似乎把自己的创作一方面视为改造社会的一种手段，另一方面是为了赚钱。他之所以有这样的想法在很大程度上是因为他以前的生活穷困潦倒，经历过令他感到耻辱的悲惨境况，这种经历在他内心里留下了不可磨灭的印迹。然而，他的创作活动本身并没有结束，只是他在前进的道路上又发现了新的目标：实现资产阶级的繁荣。

再来说说卡莱尔。这位作家把表达思想放在首位，不太看重自己的职业，只是希望通过写作发表自己的预言。他讨厌文人及其小圈子，更喜欢贵族社会，但与此同时他又总是说，贵族社会那种令人厌倦的气氛无法言表。谁能理解卡莱尔为什么不顾疲劳走上数十英里去参加在公共浴室举行的晚会和酒会，就是因为那里住着阿什伯顿人，还是什么刺激他对贵族社会有了更新的认识？我相信，作为苏格兰小农场主的儿子，处在准贵族阶层的圈子里，有着确定的、受人尊重的社会地位，卡莱尔相当无意识地满足了自己的自尊。最终他移居克雷干帕托，而这一举动表明，住在自己的领地里，或者至少是他夫人的领地里，成为一个没有争议的领主，令他备感舒适，因为他有了尊严，对此我并不怀疑。我这么说并不是想贬低卡莱尔或者指责他的势利。他不希望自己以奴性般的顺从缓慢地进入上层社会，他喜欢走进去，并在那里发表自己的见解，不惧怕任何人；这些素质可以说像是一面大镜子，反映出了他自己的独特性。然而，在评论自己的同行时，还没有谁的话说得比卡莱尔更严厉、更猛烈。他把查尔斯·兰姆描述为“一个身体虚弱、喘着粗气、走路不稳、讲话结巴的大傻瓜”。他这么说可有些不近人情！再看看他对华兹华斯的记述——他说华兹华斯不是与他握手，而是向他伸出了“几根麻木的、没有什么反应的手指头”；卡莱尔还说华兹华斯的演讲“啰唆冗长、空洞无物、枯燥乏味”，是他听到过的最糟糕的演讲。他承认华兹华斯“是一个天才，但他又说华兹华斯在本质和非本质两方面都只是一般的天才罢了，他们想唱什么或想说什么就让他们去唱去说吧。”事实上，卡莱尔鄙视自己的职业：作为作家堆里最生动、最健谈的人，他却嘲弄自我表达的欲望。一方面他是演讲次数最多、演讲效果最好的演说者之一，一方面他又称赞和主张沉默的美德。他把自己写成或说成一个想要成为不说废话的实干家；罗斯金则非常尖锐地指出了困扰卡莱尔一生的难题。罗斯金说，在卡莱尔的生活里，他对自己难以承受的工作负担一再抱怨，感到筋疲力尽，常常发出悲叹。然而，当你开始阅读卡莱尔的作品，你会发现里面充满了奔放的、生动的细节，一切都显得那么有活力，从某种程度上看不像是耐心收集起来的素材，倒像是他公开表明自己乐于这么做。另外他的演讲风格也是一个谜。他的演讲一直就是热烈的、雄辩的、感人的、滔滔不绝的高谈阔论；可是卡莱尔却说自己每次走上讲台时都非常犹豫，演讲前一天的晚上经常失眠，感到焦虑不安，需要服用镇静药；他还喜欢说，这个时候他最希望听众做的就是将一个大浴盆倒过来扣在他的身上；可是当他在听众的热烈欢呼声中和暴风雨般的掌声中走下讲台时，他说，他认为靠四处演讲赚取钱财，这个想法让他觉得自己就像是个“摸鸡窝”的骗子，一个靠敲诈勒索榨取钱财的人。

布拉德利在担任马尔堡学校校长期间，丁尼生曾与他在一起住过一段时间，他们之间发生了一个有趣的故事。有一天傍晚，丁尼生认真而又严肃地说他嫉妒布拉德利。他说的是真心话。在他看来，校长的生活是那么真实，让人有成就感，做的都是脚踏实地的工作。丁尼生承认，他有时会对自己的诗进行深入的思考，所有这些煞费苦心写出来的诗到底有什么意义和价值呢？与布拉德利相比，究竟谁生活得更好，更愉快呢？

真实情况在于作家们忘记了，完全相同的想法同样困扰着那些忙人。举个例子来说吧，批阅了一天考试卷的人，或者开了一天会的人，如果能经过一番深思，那就有可能自言自语地说：“唉，我就像是个做苦工的忙碌了一天，阅读了一份又一份卷子，或没完没了地讨论着一些无关紧要的琐事细节，所有这些工作到底有什么意义？”阿尔弗雷德·莱尔爵士曾说过，如果一个人一旦参与了重大的公共事务，他对文学的看法就会产生变化，这就像乘帆船横渡大西洋的人也许会想到泰晤士河上划船的人一样，彼此可以感同身受。英国上议院大法官利奇菲尔德去世的时候，有件事让大作家约翰逊感到非常恼火。鲍斯威尔对他说，如果当初选择法律作为自己的职业，你约翰逊也许就当上了大法官，可以获得与利奇菲尔德同样的头衔。约翰逊听了这话后特别恼火。他说，这个时候向一个在这一领域相当有潜质却没有任何建树的人提醒这样的事儿不太友善，说得太迟了些吧。

从上面的这些插曲和叙述中，我们可以推断，即使最杰出的作家，他们当中也有些人会感叹，虽然从事着文学创作，也并不觉得那是自己最好的职业选择，而且这样的想法时常会让他们感到痛苦，因为相比在诸如政界这些领域中，政客们所获得的成功往往要实惠得多，也荣耀得多。

但是我们不得不自问一下，从成功的角度看，一个富有想象力的人究竟意味着什么，到底是什么促使人们有了这样的想法。撇开比较明显的物质方面的优势，例如财富、地位、影响力、名誉等，一个思想深远、视野开阔的人很有可能产生这样的想法，那就是一旦有机会走入政界或担任高层公职，通过示范、戒律、影响力和法律所赋予的权利，他会做出些事儿来让自己的思想和宏伟蓝图变成既成事实，进而会对道德的提升和社会的变革施加影响，其本人也会名垂青史。从过往的历史来看，我们不得不说，伟大作家的良好声誉往往是在其死后逐渐形成的，所以我们必须特别谨慎，不要在某个著名作家还健在的时候把他对未来的影响，甚至他对现在的影响，仅仅归功于他的观念。毫无疑问，罗斯金和卡莱尔确实在极大程度上影响了他们那个时代的思想潮流。罗斯金在讲授艺术理想时概括了他对美和美的影响力的追求，而卡莱尔则反复灌输一种更有说服力的理论，表明自己积极的正义行为和对伪善之词、惯用套话的仇视。可是罗斯金在随后的几年里深切地感受到了自己的无能，一直生活在失败的阴影里。他认为读者欣赏自己精美的诗句，却嘲笑他的思想；而卡莱尔则觉得自己的大声呼吁是白费力气，因为世界比以往任何时候都更加舒适安逸，人们专心追求的是物质的享受和虚伪的体面。

如果我们把实干家与作家的名望进行比较，对比的结果真是让人困惑。谁能把最微小的思想与约翰逊所嫉妒的利奇菲尔德这个名人连在一起？以崇拜之心怀念华兹华斯的人里有谁了解戈德里奇子爵这位与华兹华斯同时代的英国首相的任何功绩呢？世界一遍又一遍的读着已逝诗人的自传或回忆录，前往诗人贫穷时生活过的小村庄朝拜，珍惜记载着诗人创作活动的每一点遗迹，收藏相关的任何纪念物。政客和将军的名字逐渐被人们淡忘，只有专门从事历史研究的学者们还记得他们，而公众对伟大的小说家和抒情诗人，以及一些不那么重要的作家的记忆却在不断地重温，或者得到重新装饰。当济慈临终躺在罗马他那闷热吵杂的房间里，如果他知道一百年之后自己生活的每一个细节，他随手写下的许多信件，都会被人们以渴求的目光扫描和审视，而很少有哪位历史学家能说出当时掌权的内阁成员的名字，他会怎么想呢？

莫利公爵曾讲过这样一个故事。一天，他在伦敦自治城市切尔西这个文学艺术界人士聚居地的大街上遇见了拉斐尔前派画家罗塞蒂，当时这里正进行议会大选。相互交谈了几句后，莫利发觉罗塞蒂甚至没有意识到他应该关心下大选。当罗塞蒂得知正在大选，他有些犹豫地说，到底哪一派能获胜无所谓。

莫利公爵在讲述这段逸事时说，他本人现在也不记得最后是哪一方入主议会了。由此他得出结论，议会选举的事其实与我们真的没有什么关系。

事实上，民众的生活还得继续，而政治家们为其行政管理做出了非常精心的安排。但是这种安排对民众的现实生活却无足轻重。世界上最明智的政治家并不能在很大程度上影响民众的生活；政治家只能利用公众舆论的趋势。如果他敢越雷池一步，他很快就会陷入困境；政治家所能做的最大事情也许就是提前六个星期预测民众都在想些什么。然而，作家的声音是从心灵深处向读者心灵深处发出的呼唤；作家给人启示，让人产生灵感，刺激人们积极向上；作家表达思想的方式是那样的美妙，所创作的是能满足人们精神需要、值得人们敬重的作品；时下普通人信仰的事情正是理想主义者半个世纪前所信仰的事情。作家必须利用自己的名望碰碰运气；而他最大的希望就是避免使用那种能暗指对手和听众价值观念的修辞手段，能尽最大的努力透彻而优美地展现他的梦想和愿景是最理想的结果。政治家则不得不去辩论、去抗争、去妥协、去转变，不行的话，就采取强制手段。这是一个卑鄙的行动过程，而政治家在开始的时候必须不顾脸面，也许还要牺牲真理。他可能会说服别人接受他的观点，虽然不是最好的方式，但也可以取得实际的效果。事实上政治家是机会主义者和阴谋家，而且他不能按照自己的意愿改变生活，只能按照他的政治理想去管理社会。当然，在某种程度上，作家要承担的风险更多；他也许会拒绝平凡、实用的工作，而且没有力量为自己插上飞翔的翅膀，实现自己的梦想；他也许碌碌无为，一生毫无建树，最终默默无闻地死去，虽说最初心里想的是两鸟在手，到头来却还是两手空空。作家也许最终成为堂吉诃德式的人，以脸盆做头盔，手执长矛冲向风车；但是他别无选择，与那些为了获得成功而付出代价的人相比，他所付出的代价更为沉重。

把生活与文学创作对立起来也许是完全错误的；人们也许能在吃饭喝酒之间看出区别。也就是说，如果一个人献身于富于想象的创作，献身于对美的洞察和表达，他就必须让自己从其他活动中跳脱出来。想象毕竟是人类生活的一种功能，它也完全适用于股票经纪。事实上，我们盎格鲁－撒克逊人把获取财富视为最显著的生活功能，不仅出于我们的本能，还因为我们的遗传特质。只要一个人忙于获取财富，我们就没有更多的时间去提问，我们理所当然地认为，他的忙碌是合乎道德的，只要他不破坏社会规则；与此同时，如果某个人以不同寻常的手段获取了世界财富的很大份额，我们就会对这个人赞颂备至。确实如此，自原始时代起，我们人类的努力目标和最终目的并没有发生多大改变，而且我们一直有着这样的印象：拥有丰富的资源是成功者的标志。我猜想，休闲作为消遣在美国要比在英国更容易被人怀疑、让人否定；即使在英国，闲散的权势人物也会受到人们的羡慕和妒忌。如果一个人打高尔夫球或打野鸡，过着成功人士的生活，与那些出于娱乐而写诗作画或作曲的人相比，会受到更多的信任和尊重。野外运动足以让人理解；而对艺术的追求就需要做出一些解释，解释的结果往往让人怀疑他们是不是生性柔弱，行为古怪。只有在艺术作品变成了大量的钱财时，这些艺术家才会完全得到敬重。

我有个朋友，不久前刚刚去世。年轻时他曾做过行政管理工作；很有钱，刚过了中年就开始沉溺于休闲生活。他四处旅行，广泛读书，深入社会，享受和朋友在一起的快乐时光。在他去世之后，他被说成是个业余的艺术爱好者，人们称赞他光明正大、行为公正，具备很多优点。甚至他最亲密的朋友也觉得有必要作出解释或找些托辞；说他胆小害羞、说话结巴，不适合进入议会任职；但是我认为，能为自己的朋友做那么多，能让人充分感受到那种最简朴的幸福感，这样的人还真的不多。和他在一起的时候，你本能地会感觉到他对你的热情，他积极地享受着与你在一起的每时每刻，这让你也觉得生活是那么的轻松惬意。在他去世的时候我就在想，仅仅根据一个人的职业和事业来评价这个人的美德和效用是多么单一啊。假如当初他进入了议会，投上他那一张无关紧要的无声票，大部分时间用来参加各种公共集会，写写信函，在议会的走廊里说说闲话，他肯定会被人们认定为是个举足轻重的人；但是事实上，这种从业到头来似乎不太可能会让他有什么真正的业绩，虽然他在朋友遇上麻烦时曾出手相助，或者帮助过一条瘸狗爬上台阶，待人友好，善解人意，曾经是十几个群体或圈子里的中心人物。遗憾的是依照社会的标准他的这些行为还不能够被断言是成功的，他一生奉献出了自己全部精力，坚持不懈地做着善事。而一些我能想到的人，他们很自私，生活得舒适，赚钱并积攒财产，没有一点真正的仁慈和温雅，与我的这个喜欢充当和事佬的朋友相比，人们却认为他们干得很好，值得尊重。

这让我意识到许多我们珍爱的理想其实是多么的偏颇，令人无法忍受；除了那种纯粹的自私自利、巧取豪夺的生活之外，一个又一个自封的慈善家或者活跃的政客不过是在追求实现自己的野心罢了，他们的行为并没有产生什么好的结果；总体来说，大部分所谓的公众人物极少是为了公众而工作的；事实上，以简朴、仁慈、不计得失、友好的态度对待生活，这才是美德和美的真正源泉，也是另一种成功的人生模式，值得人们永远地珍藏和纪念。

而文学恰恰是可以帮助我们培养上述这种多元化成功生活模式的元素之一，所以，现在还是要谈谈我们称之为文学的东西。没有人认为我们离得开文学，而且从文学的本质上讲，它是愉快、美好、生动谈话的一种扩充。文学是对生活愉快的感知，是一种可以介入巨大秘密的狂喜，通过文学我们可以享受到爱情和友情的乐趣，实现对美的崇拜，还可以通过人类能够采用的最有效的形式逐渐形成对无法实现生活的憧憬，获得面对现实世界无可奈何那一面时所需要的勇气和对已逝去生活的记忆。财富的积累并没有什么真正的精神价值；世界上只有那些工作在第一线上的人和那些为别人增加快乐的人有资格得到我们的赞扬，然而事实上却是他们很少得到敬重。

当然我不否认，艺术生活确实存在着某些弱点，那就是许多人常常没有把从事艺术创作视为一种纯粹的交流，是在通过它来传递我们内心的激情，就像孩子在讲述着扣人心弦的故事，陶醉在其中，而是将艺术创作当成了吸引公众的眼球，博取公众喝彩的手段；于是艺术就与其他关注自身利益的活动毫无区别。相反，如果一个人在从事艺术创作的时候抱着给予而不是索取的愿望，抑制不住要与他人分享欢乐的冲动，那么艺术创作不仅能够成为高雅庄重的事业，还能成为一种无法估量的推动力，让世界变得更加美好。

如果从事艺术创作的人没有上述的愿望，只是将其视为一种手段，无疑，这又给艺术创作的道路投下了一道浓重的阴影；我所认识的最不愉快的艺术家是那些有着强烈情感和敏锐洞察力的人，他们还没有能力用某种艺术形式来表达自己的感受。可悲啊！正是这些人，他们胡乱地拥挤在文学的道路上和门廊里。他们受到艺术芳香的吸引，不愿去做那些平凡的工作，事实上这很危险。而且当他们试图表现对艺术的痴迷时，他们却并不具备艺术的感官和熟练的技巧。于是这些人要么变得狂热、忧郁，要么变得刻薄、傲慢，浑身散发出令人厌恶的狂躁和傲慢。

“一本书，”约翰逊博士说，“要么向读者说明该如何享受生活的乐趣，要么向读者说明该如何忍受生活的磨难。”对文学作用的表述还有比他的话更尖锐、更恰当的吗？任何人，只要他能，无论是享受生活乐趣的人还是忍受生活磨难的人都有权利说出自己的感受。如果他愿意帮助其他人享受乐趣或忍受磨难，那么他永远也不必质疑自己在生活当中所发挥的作用；如果他不能愉快地享受生活的乐趣，他至少还能以善意的幽默去忍受生活的磨难。

第三章

新诗人

事实上，我们总是与某种事物发生冲突，总是避免不了栽跟头，然而这是令人兴奋的事情。我希望诗人们能说清楚，我们所追随的模糊而又意味深长的东西到底是什么。这个世界上确实存在着令人痴迷、变幻莫测的完美事物。我随处都能看到这样的美，在黎明的曙光里，在远处的风景里，在一行行树丛中，在一片片田野上，在人们的脸上、姿态里、言语与行动中。这是一条线索，一条闪着金光的线索，蕴藏着让我们的视线产生美感的气息。

我希望诗人把人类共同的欢乐、共同的希望和共同的愿景都写进诗里。

山形墙上有一扇黑黢黢的窗户，从这里可以俯视我那一片狭窄的小花园，那儿长着几棵巴丹杏树，如今这扇窗户和黑色的窗扉线已经突然变成了某种日式格子窗的模样。窗外的杏树上盛开着几何形状的美丽的粉红色杏花。虽然杏花朴实无华、柔美芬芳，但它的柔美还不足以让人们用它来表达爱情。其实杏花的纯洁美丽也是很多别的花儿无可媲美的，很让人迷恋——

这种迷恋产生于人们对杏花纯洁无暇的喜爱，就像你早晨醒来，发现房间里有一位天使：遗憾的是天使却根本不理解你的烦恼！

探头望去，窗外更加芳香的气息扑面而来，长着精美的、深红色的小花和精致的翠绿色叶子的欧瑞香也从夜梦中醒来了。萌芽期的欧瑞香让我误以为亚伦的魔杖已经发芽，其特有的小枝坚硬的外皮就像突然燃烧起来的绿色火焰和红色火焰。

眼前的美景让我情不自禁的臆想着，一定会有什么好运降落在我身上；果真不出所料。我走到花园时，恰逢有位朋友来看望我，而这位朋友既是难得一见，又是我很喜欢见到的人。他很年轻，在文学艺术界颇受赞誉，是个举足轻重的人物。他随身带来两本非常高级的刊物，其中一本是报道作家动态、满足人们广泛猎奇心理的杂志。许多精美的新作品我都是通过他的推荐才第一次听说。他要么郑重其事地赞美他所推崇的作品，要么低声地朗诵着诗句，或者扯着他那又尖又细的嗓门配合着夸张的表情表演着，就像一团随风飘过来的、呛人的火苗。令我对这位年轻人刮目相看的是他还有另外一种才能，作为一个热情的评论者，他往往能像一块水晶透镜那样专心地审视各类作品。

聊了几句之后，我对他说：

"来吧，你这位黎明的使者，向我介绍几位可以让你赞叹的新作家。你每次来看我都会带上一些新的作品，这次也一样吧？"他神秘地笑了笑，从衣袋里掏出一本小册子，给我读了上面的几行诗；这里我不想说出那个诗人的名字。

"你觉得怎么样？"他问道。

"啊，"我说，"非常好；但这是最好的诗吗？"

“是的，”他说，“是最好的诗。”接着他又给我读了几段。

“好了，”我说，“我得向你坦白。你读的东西在我看来似乎非常悦耳，写得也很有技巧；可是我认为诗里存在着不可饶恕的错误：太过于书卷气。那个诗人，他肯定听过也读过许多甜美而又庄重的诗句，轻柔持续的诗句就像回荡在树林里的竖琴曲，琴声低低地响在他的脑海里，风声吹进了乐曲里。但是我想读的可不是这样的诗；我想要的是有生命和灵魂的诗，在你朗诵的时候，可以让我感受到好似有眼喷着活水的泉在叮咚流淌。”听我这么一说，年轻人一脸的迷惑，但似乎明白了什么，改变声调又读了几页。接着他对两三位其他作家的作品进行了品评，并补充说，他相信经过长期的冰冻期，诗歌创作定将会出现重大的突破。

“好吧，”我说，“我当然希望如此。如果说世界上有样东西能让我渴望，那就是我希望自己还有能力听出并爱上新的声音。”

于是我把自己经常想到的一个故事讲给他听。我年轻的时候非常痴迷于阅读丁尼生、欧玛尔·海亚姆和斯温伯恩的作品。一次，我前往一位年长的商人家里拜访。他是一位银行家，我们家的老朋友。他身材魁梧，体格结实，满面红光，脾气温和，只是他的嗓音，听上去像是奄奄一息的老鼠叫唤，又尖又细。吃过饭后，我们坐在他家宽敞的餐厅里，望着外面开阔、落满灰尘的花园，逐渐把话题转向了读书。我觉得这时我该赞扬一下斯温伯恩的作品，因为他让我谈谈读书的感受，我便引用了斯温伯恩的一句诗：

即使最令人厌烦的河流

风也能把它安全地送入大海。

他聚精会神地听着我读，然后说诗写得不错；但是接下来他说，与拜伦的诗相比，斯温伯恩的诗算不了什么，他清了清嗓子读了几句拜伦的诗。不过我得抱歉地说，当时我自以为是地认为，拜伦的诗如同我认为的那样，就像凋谢了的或者枯萎的花。那老银行家却听得伤感的落下泪来，泪水打湿了衬衣的前襟；这时他果断地说道，自拜伦以后就没有什么诗了—— 一点儿也没有。丁尼生的诗不过是可以用来谱曲的歌词，勃朗宁的诗晦涩难懂，等等。现在我还记得自己那时年轻气盛，傲慢无礼的行为，以为老人家完全丧失了同情心和判断力，太可怕了。因为那时在我看来诗歌真的是很重要的东西，充满了各种声调和韵律。当时的我并不理解，正如我现在理解了一样，这完全是一个符号和象征的问题，而且就像《诗篇》里说的那样，诗歌不过是在白天向一个人讲述所发生的事情，到了晚上向另外一个人证实事情的发生。我现在懂得了尽管在很大程度上诗人并不总能让读者与自己形成共鸣，但诗歌不应有任何欺骗和谎言，没有哪个诗人能让你产生与他一样的感受；诗人的艺术价值仅存在于他能在多大范围里把自己的感受传递出来；于是我就把我的老朋友的想法看作是竖在田地里吓唬鸟的稻草人，一个可笑、衣衫褴褛、孤零零站在那里的家伙，而真的农民们则在忙着他们自己的事情，我当时并没有说出来，但是有这么个傻念头在我的头脑里一闪而过，所以我把这个故事讲给来访的年轻朋友。我说："我知道，只要爱上什么东西，被这个东西的美所打动，那么，一个人喜欢什么，被什么所打动其实真的没有关系。不过，我还是不想让这种情况出现在我身上；我可不想让自己成为沙滩上的一颗卵石，随着潮汐的涨落，一会儿被淹没在水里，一会儿被推上岸边。我想感觉并接受新的信息。在幼儿园里，”我接着说，“每当老师给我们读诗的时候，我们就会惹老师生气，因为我们总是问她，‘这是谁编的？’老师就会告诉我们：你们应当说：‘是谁写出来的？’所以我现在则觉得应该问：‘谁编的这首诗？’而且我还觉得，就像画招牌或广告牌的人依据自己的见解，当他看到某个旅馆挂出了一块新的招牌，并厌恶地说，‘这块招牌看上去做得怎么这么业余呢？’你所赞美的诗人在我看来只是一个很有天赋，又有些技巧的诗歌业余爱好者罢了。”

“好吧，”他相当不高兴地说，“当然了，也许是这样；但是，如果你坚持不欣赏这样的诗歌，我也劝你不要对诗歌有什么新的期待。”

“不，不是这个意思，”我说。“有太多拙劣的诗人，这些诗人在海外被善意的爱慕者所接受和吹捧，但是人们现在已经看出这样的诗人写出的作品没有任何意义，却给艺术的道路设置了很多死胡同，他们不会有什么创新。如果人们花费大量的时间对他们进行探索，那就又返回了原点，是诗歌的一种倒退。”我接着说，“真的，我宁愿错过一个伟大的诗人，也不愿意受到一个平庸诗人的误导。”

“啊，不，”他说，“我可不这么认为。即便事后我发现这诗确实不那么动人，我也宁愿让自己受到这些诗句的感染，激情四射，不能自已。”

“如果你能坦率地承认这诗歌不怎么样，”我说，“我倒可以站在你的一边。我不介意你说：‘这首诗激发了我的兴趣，让我身心愉悦。’我所反对的是你说：‘这些诗是伟大的，永恒的。’我觉得我还有能力去鉴别这位诗人是否伟大；但首先他必须的确是伟大的，尤其是他所处的时代确实存在着大量的优美诗句。我猜想这次这个诗人的诗也许能够编成一部非常优美的选集。许多人在活着时会写出十几首优美的抒情诗，他们那充满活力的思想、丰富的想象力、敏锐的幻觉和优美的语言，所有这些因素激发了他们的创作欲望。但是发挥作用的却唯独没有伟大的、宽广的、豁达的、柔情的心，所以充满技巧的诗歌可能很美，却没有灵魂，更谈不上伟大。我甚至不想多加解释了。那么，是否有哪位伟大的诗人具备这样的胸怀和高超的语言表达能力呢？我相信当下有着比以往更多的诗歌，更多对美的爱，更多的情感；许许多多的男人和女人在生活中离不开诗歌，只是他们没有能力写出或者朗诵出自己的诗歌。”

“误入歧途的一代在刻意追求某种符号，”年轻人相当冷酷地说，“可是除了旧有的符号，并没有新的符号出现，而且旧有的符号已经存在了好几百年！”他接着补充道，“我不在乎具有象征性的符号。我想要的是品质。而我刚才说过的这些新诗人就具有了这样的品质，这正是我要求的一切。”年轻人激动地说着。

“不，”我说，“我想要的远不止这些！勃朗宁让我们感觉到了灵魂的呼唤，虽然有各种新的创作风格、流派冲击，但他的诗歌却依然保留着激昂的渴望。丁尼生——”

“可怜的老丁尼生！”他说。

“你这么说非常不礼貌，”我说，“当年老银行家眼含热泪背诵拜伦的诗时我就有过无礼的行为，现在你这么说就与我一样违反人之常情。丁尼生虽然犯过那么多错误，但还是个伟大的音乐大师。他用诗的语言表达了人类细腻、平凡的家庭情感——歌颂劳动的诗，日常生活的诗，和平的诗。他的诗新颖、丰富、辉煌，你之所以不得不尊重这些诗歌是因为在你看来这些诗歌保留了传统的风格，而在我看来，他的诗歌是首行军进行曲，因为诗人向人类表明：科学只是扩大了信念的外延，而不是破坏了信念实质。这两位都是伟大的诗人，他们高瞻远瞩；他们用敏锐的感知去了解普通百姓到底都在想些什么：人们希望自己的生活充满诗情画意，而你赞美的这些无足轻重的诗人却恰恰没有看到这一点。老百姓和我们一样，在看到百花盛开、百鸟鸣唱的花园时满怀欣喜，感慨万千，如果他们有写诗的能力，每逢这样的时候他们就会有种要去写写抒情诗的冲动。但我通过诗歌想要获得的远不止这种冲动。我和你，还有成千上万的普通人，我们渴望的是那种能让大脑兴奋、心跳加快的感觉。我们说不清楚这种感觉是什么，而一位好的诗人却可以通过他的诗让我们拥有这样美好的感觉。”

“是这样，”那个年轻人说，“恐怕你要的是诗歌可以更多的传达出人类道德或者伦理层面上的东西，那种让丁尼生诗里人物感到满足的东西，这样的人：

> 走在妻子和孩子之间
> 不时露出严肃的微笑

但是我们诗人写的诗歌往往和这些毫无关系，我们需要的是这样的诗人，他们能够表达人类的高度组织化，还有那些美好、弥足珍贵的、非同寻常的思想，而你却希望诗人歌颂面包和黄油这些与普通生活息息相关的东西！”

“是的，”我说，“我与菲茨杰拉德的观点一致，那就是真实的生活就像茶、面包和黄油是最有价值的食品——我们唯一不能离开的东西。我希望诗人们能写进他们诗里的正是这些我们不能缺少的东西。我同意威廉·莫里斯的说法，即艺术是我们所有人都想要的东西，因为艺术可以表达一个人在自己工作中的乐趣。艺术越是隐退到细微难察的精妙和智力的隐约难辨，就越有可能变成难以理解的神秘之物，我也就会更少地加以关注。当丁尼生对一个农夫的妻子说：‘有什么新消息吗？’农夫的妻子答道：‘丁尼生先生，只有一个消息值得说，而且不必再说了，那就是基督为全人类而死了！’丁尼生非常庄重而简短说道：‘啊，这是古老的消息，也是好消息和新消息！’而这恰恰是我希望诗人能告诉我们的。我可以断言，这是诗人留给人类共同的遗产，而不是高雅的垄断。”

听了我的话年轻人笑了起来，说道：

“我认为这非常像是一个具有维多利亚王朝中期文化特征的观点；我能用丁尼生的传奇来驳倒你。丁尼生曾把斯温伯恩的诗称作‘从法国带来的有毒蜂蜜’，而斯温伯恩则以丁尼生这位桂冠诗人的家酿糖浆加以回敬。你不能兼而有之。如果你喜欢糖浆，你就不能吵闹着要蜂蜜。”

“是的，我更喜欢蜂蜜，”我说，“但是在我看来，你似乎在寻找被我称作故事性诗歌的东西。这正是我所担心的。我不希望诗人们创作出来作品仅仅是堆砌的词藻。我对所谓的‘强势诗歌’非常反感；在我看来，这样的诗歌一般都属于粗俗的浪漫主义类型——其实就是些闹剧。我希望能从诗里得到我们在小说里得到的东西——现实主义最好的类型。如今的现实主义正在放弃英雄理论；现实主义已经抛弃了旧的习俗、恰当而又幸福的巧合、依据理想线路安排的生活；而且现实主义已经直接奔向生活本身，向读者展现强壮、血气旺盛、内容充实、热切的生活方式，同时充满了大大小小的错误、失败和挫折、灾难和恐惧。真实的生活就像是一条瘸了腿的大狗拖着脚步前行，而狗的鼻子能够嗅到某种气味。与按照浪漫主义线路安排的生活相比，这是更加神秘、更加奇妙的事情。这就意味着尽管生活需要我们蹚过泥泞的道路，越过一道道障碍，但我们生活的内涵却可以非常丰富。你可以嘲弄被你叫作道德准则这样的概念，但道德准则只是各种冲突当中的一个名称而已。事实上，我们总是与某种事物发生冲突，总是避免不了栽跟头，然而这是令人兴奋的事情。我希望诗人们能说清楚，我们所追随的模糊而又意味深长的东西到底是什么。即使他不能向我作出清晰的解释，我也希望他能让我感觉到这些意味深长的东西是值得追随的。我不是说所有的生活都是潜在的素材，我不认为是这样。但是这个世界上确实存在着令人痴迷、变幻莫测的完美事物。我随处都能看到这样的美，在黎明的曙光里、在远处的风景里、在一行行树丛中、在一片片田野上、在人们的脸上、姿态里、言语与行动中。这是一条线索，一条闪着金光的线索，其中蕴藏着让我们的视线产生美感的气息。如果我能受到鼓舞去追随这样的事物，那我太满足啦。”

“嗯，”年轻人说，“我在一定程度上同意你的说法。这也恰恰是新诗人所追求的东西；他们提取生活中的纯金，然后铸成词语和诗篇，而我判断一个诗人的作品是否完美所依据的正是这一点。”

“是的，”我说，“但是我要的东西可比这个大得多。我希望随处都能看到美，在所有的事物中看到美。我可不想无奈地筑起道道围墙，把美的东西限制在狭窄的范围里，使美的东西无声无息，孤芳自赏，忘记了外边正在发生的事情。我希望诗人告诉我，闪现在人们目光里、流露在人们微笑中的东西是什么——我经常遇见一些人，糟糕的是，其中有些人让我觉得很难与他们生活在一起，——可是尽管如此，我却希望与他们成为朋友。我希望诗人把人类共同的欢乐、共同的希望和共同的愿景都写进诗里。我能找到这样的诗人是沃尔特·惠特曼，他以纯真质朴的心灵向我展示了美、奇迹、强烈的情感和欢乐。这样，我便会确信我与诗人渴望的是相同的事情，尽管我们还不能相互告知是什么东西，这时我就会觉得诗人真的就活生生的站在我的面前。”

听我说完这一席话，年轻人把手里捧着的书慢慢地合了起来。

“是的，”他说，“如果诗歌可以写得达到这样的境界，自然是了不起的事情；但是现代人不太可能用这样的方式理解事物。我们必须专门化；如果你想遵循新的艺术目标和艺术理想，你就必须撇开大量被称之为我们人类共同的东西，而且你还必须满足于沿着狭窄的道路在孤独中行走。我不介意说得非常直白些，我不认为你懂得什么是艺术。从本质上讲，艺术是一件神秘的事情，而艺术家则是世界上的某种隐士。正如华兹华斯所说的，其中的奥妙可不是‘平民百姓都能广泛参与的乐趣’。艺术创作和艺术欣赏完全是不同的事情；但是艺术本身不得不退缩，甘愿受到别人的误解；而我认为，你就像你的那位银行家老朋友一样，只是不愿意接受这样的诗罢了。”

“好吧，”我说，“我们将拭目以待，不管怎样，我会认真阅读这些新诗人的诗。如果我真的能喜欢他们的诗，我会很高兴的，因为，真的，我可不想让思想搁浅在岸边。”

朋友告辞后，而我开始感到疑惑，他所说的艺术到底是不是真实的，可以像我看到的杏花那样美丽，像我闻到的欧亚瑞香那样芬芳！如果是这样，我倒愿意自己可以将这样的诗歌列入我的阅读书目并试着去理解，尽管我认为结果很可能不会是这个样子。

第四章

沃尔特·惠特曼

惠特曼本人对病态的或者自我意识的表达方式不感兴趣，他最不希望证明自己是最优秀、最高尚、最伟大的诗人。他只是想打破灵魂与灵魂之间的障碍，让自我之河掀起波浪，翻滚起伏，洗涤人类脚下的草地。尽管他希望你能爱上他，但他并不希望你去崇拜他，他不希望别人以某种角度或者借助柔和的灯光来看他。他赤裸裸地将自己投入到公众的视野里，任凭人们对他进行观察或者评论。

1

在我们这些最忙碌、最活跃、最急切的人的生活里，总会出现那么几天或者某些时刻，我们会猛然意识到自身的坚强和孤立。这种意识有时让我们震惊或者颤抖，也许还会让我们感受到某种庄严的神秘，似乎其中存在着某种无限广阔、启发灵感、充满希望的诱惑。而我们的文明生活在很大程度上就是试图逃避这种状态，不是故意的，而是出于本能。我们组织起来，形成了国家和民族、宗派和团体、家庭和公司，竭力以种种方式让自己相信我们不是孤独的；当我们步入爱情和朋友的神秘之地，我们尽最大努力拉近关系，以说服自己相信我们是和谐一致的，而且觉得别人对我们的了解与我们对他们的了解是一样的。但是，当这种愿景逐渐淡去，我们开始意识到，尤其是在心情不好的时候，朋友、伙伴、同事之间的友好关系结束了；与我们的关系是那么密切、闪烁在我们目光里，缠绕在我们心头的激情消失殆尽，湮没在黑暗之中，此刻的我们即使活着，还有喘息，也已经逐渐消失在人群里。于是人们明白了个体与群体之间几乎不可能有什么融合，人们藏在心里的秘密至少半数以上仍然是无法猜测、无法说出来的。虽然我们可以运用语言，但却不能完全表达出我们个性上的感觉。即使我们自身具备有意识的、批判性的思考，往往这种感觉在很大程度上也会转眼即逝。举个例子来说，有个人与自己的亲密朋友大吵了一顿，人们听到他在不断地为自己辩解和对朋友的抗议，而且他还不知道发生了什么，不能理解，甚至不能察觉到自己错在了哪里。这么说你或许能领悟到，当我们身陷其中的时候，我们同样不知道自己做了什么；我们已经把自身丑陋的部分暴露无遗，而我们自己毫无察觉。比如，我们或许曾伤害过某个人的心，但我们却对此浑然不觉，因为我们并不是有意这么做的，所以当我们意识到的时候免不了哭泣；又或者说我们意识到了偶然会对某个人表现出厌恶，却给不出任何理由；或者说我们意识到了我们本身对另一个人表现出了相同的冷漠态度；所以说，经过数百次这样的经历，我们最终意识到了不可能有什么真实的、自由的、毫无保留的交流。无论我们多么急切地说出自己的想法，表现自己的气质，可以肯定，总还是会有某种东西被隐藏在黑暗当中，这种东西就是我们不可言传、不可与其他灵魂混合在一起的本体实质。

但话又说回来，所有人类灵魂都被赋予了表达的本能——例如作家、画家、音乐家——他们总是在致力于这件事情，发出信号、交流、展示自己，“用语言打开心扉”；然而，令人心神不安的尊严和虚荣心却常常阻碍了他们的进程，致使他们的努力一无所获。这种情况下我们必须努力提出一个更好的论点或理由，而不是仅仅用事实加以证明。出于各种不同的动机，而且确实是出于最好的动机，男人们和女人们抑制、提升和改善自身的形象气质，因为他们渴望得到别人的爱，并认为他们必须谨慎行事，才可以得到别人的尊重。这就像谈恋爱的人，他们努力打扮自己，企图给对方尽可能留下好印象，所有可能破坏对方兴趣与同情心的行为举止都要隐藏起来。这样的事情常常出现在现实生活里，我们都渴望活得真实，却往往活得最不真实。

沃尔特·惠特曼与我所认识的一些作家不同，他努力表现自己，并基本上是这么做的，很少有什么保留，我们其他人很难做到这一点。

“我很清楚地知道自己的自我中心主义，”惠特曼写道，“我明白自己的诗就像是个大杂烩，而且这些大杂烩绝对只多不少。”艺术的任何失败、任何规矩或任何矛盾都不会使惠特曼惊慌失措。

我自相矛盾吗？

那好吧，我是自相矛盾的。

我辽阔博大，我包罗万象。按照我们对艺术的理解，惠特曼似乎没有艺术良知。

“我的这首诗没有通过常用语气表达，而是直率的质问，跳得很远却又收得很近。”

惠特曼晚年曾写了一篇非常奇特、有趣的散文，题目是“旅行路上回首一瞥”。在回顾自己的工作时，他承认自己还没有获得社会的认可，他的诗作是失败的，并招致了引人注目的愤怒和蔑视；他不无幽默地引用了一位朋友 1884 年写给他的一封信，信中有这样一句话，“我发现了对手们为我画出的一条界限，而这界限我到处都能看见。”然而，虽然如此，惠特曼却不管不顾地说，他已经“完全是在以自己的方式说话，并准确记录下他想表达的东西”。他说，这不过是“忠实的、任性的记录”。

这就是惠特曼的风格，从来没有离开过其特有的视野和范围，令人惊奇，也值得尊敬！因为尽管他把自己的诗称作“粗野的狂吼”，但他宏伟蓝图的完成靠的并不是自傲或者吹牛。我认为在他的诗里没有什么能比恰到好处的幽默感和镇定自如更引人注目。惠特曼本人对病态的或者自我意识的表达方式不感兴趣；他最不希望证明自己是最优秀、最高尚、最伟大的诗人——那完全是另一回事。他只是想打破灵魂与灵魂之间的障碍，让自我之河掀起波浪，翻滚起伏，洗涤人类脚下的草地。尽管他希望你能爱上他，但他并不希望你去崇拜他；他不希望别人以某种角度或者借助柔和的灯光来看他。他赤裸裸地将自己投入公众的视野里，任凭人们对他进行观察或者评论。而所有这一切并不是因为他是英雄或者圣人；他最为自豪的头衔是普通百姓，群众当中的一员，有激情，也有弱点，丑陋甚至畸形。他就在那里，他就是这个样子，你可以接受他，也可以离他而去，但是他不觉得这有什么可耻，也不神经质，更不用说感到不安或者窘迫。他坦诚地笑着，和善地笑着，而突然间，你察觉到了其中的伟大之处！他既不是狂热者，也不是缺乏教养的粗俗之人。他的表现不像是拳击手或摔跤运动员，他也没有为了几个维系生活的便士纠结、耐心地坐在那里等着众人的施舍，就像集市里的大胖子商人。他只是试图把自己的想法和感受说出来。如果说他有什么目的的话，那就是引导人们真实地去生活，不必害羞。他向人们喊道："只要你认出真实的自我，用不着假装或伪装，你设法维护的尊严还会是你的，毫无问题。"这不是善恶问题，也不是中性问题。每个人都有权利做自己力所能及的事，而且还有着他自己的理由和道理。这是沃尔特·惠特曼的信条；也许这是一个糟糕的信条，或者丑恶的信条，或者不合礼节的信条；但是没有人不称，这不是一个伟大的信条。

2

惠特曼探索出了一项巨大的、富有成果的发现，然而几乎没有谁认为这是什么发现；也许这至多是一个鼓舞人心的学说，没有相应的论据支持，整体上没有任何哲学性，这一发现就像是充满自信的孩子大声发表的声明，但确是真实的：也就是说，这个信条是灵与肉不可分离的结合。不可分离，人们这么说，然而，再明显不过的事实是，这样的结合不可避免地总是会在死亡当中分解；可是另一方面，人们也看到了某些身体上所遭遇的灾难，例如瘫痪、脑震荡、老年痴呆、精神错乱等，灵魂的状态显然陷入昏昏欲睡的程度，或者说除了主导情绪外，因为身体或精神上的病态而导致没有能力表达其他的情感；人们看到的是道德意识层面上的东西似乎因身体或心理的失调症状而冻结。尽管如此，从本质上讲这个信条大体上是真实的；灵魂的活力及其本身与以物质条件为基础的表现力有着密切的关系。也许铸成灵魂的元素或肉体，我们称之为生命物质，除了其物质的表现形式，个性还是生命力在传递的过程中所显示出的一种现象，就像在某种条件下我们能看到的电一样。其实更可能的是，物质是一种思维功能；而最有可能的是，动物可以任意地对目标进行分解，物质与精神欲望的任何对立，都产生不了有意识的感觉；随着人类的进化，理智与欲望之间的对立和人类的想象力开始浮现。人类逐渐意识到，意志和愿望也许并不能保持一致；由此在中世纪形成了禁欲主义的概念。禁欲主义者认为，人的肉体本质上是肮脏邪恶的，并使大脑有可能产生卑鄙的邪念，所以人的头脑需要对此进行有效的控制。这一观念与封建时代政府的执政理论十分相似，因为根据这样的理论，执政者的利益并不一定非要和国民的利益一致。执政者从考虑自身的利益来治理国家，如果需要就会对国民采取压制手段；而作为开明的政治家，其所执政的新政府的理念并不是要把执政者与国家分离开来。一个国家的政府，如果采用的是民主制度，所体现的就是人民形成的意愿，统治现象不过是各种民意本身的表达，而目的在于让每一个个体拥有自己的优势；最终的目标是实现个人自由在最大程度上与社会保持和谐一致。

这就是沃尔特·惠特曼信条的一种粗略的类推。也就是说，个体的灵魂与肉体，是一个有组织体系的社会群体；真实的生活将会在身体与灵魂的默契配合里找到。其理由不是有权嘲笑或忽视肉体欲望，即使是最低劣的和最卑鄙的欲望，因为每一种欲望，无论是精神欲望还是生理欲望，都是存在于生命本体里的某种需求的表达。例如性欲从其根本上分析，是一种本能，目的在于繁殖生命，又是生命力的传递和持续，我们没有理由忽视或是谴责，而是应该将由性欲带来的激情通过恰当的渠道进行疏导，肉欲所引发的激情如果滥用预示着危险。但我们如果只是简单的去阻止这种激情，认为这种激情的迸发是羞耻的、令人厌恶的事儿，或许会导致一场相互残杀的战争。较好的办法倒应该是通过灵魂的适当合作让肉体欲望高贵起来。但其本质是合作而不是强制，而且各方必须愿意作出妥协。假如肉体的欲望不能与理性妥协，因放纵激情而引起的灾难就会接踵而至；理智不与身体欲望合作，其结果就会是枯燥乏味的理智主义（或者知性主义），这会导致饥渴羞怯的生活体验。沃尔特·惠特曼对这一观点进行了挑衅，他把文明视为一种常规系统，至于生理过程，则培育了错误的羞耻感和卑贱的保留。但是惠特曼信奉的至关重要的真理在于这样一个事实，即我们的许多最为悲哀的灾难是由一种羞怯的节制所造成的，而其中大多数是可补救的。人们往往对让世界充满活力的最强大繁殖力量保持缄默。惠特曼感觉到了，真的感觉到了，理性与情感已经超越了谨慎。也许有人会说，所有的在人类当中的恐怖都是因为坦白而造成的，由此做父母的无法忍受向孩子们讲述他们的性体验，因为孩子们长大之后也许会以某种相当激烈和卑怯的方式去了解和体验这个过程。难道这种让人犹豫不决的、退避的微妙解决问题的方式不应该受到我们的质疑吗？保留这种所谓的神圣意义又何在呢？也许有人会说，阐述这个敏感问题需要慎重，成年人绝不能用一种粗俗的方式、诚实的、过早的与孩子交流这个敏感而又微妙的话题，保持沉默就可以了，否则后果会很难堪。但是如果将沉默这一可怕的焦点问题转移到道德范畴的其他方面，我们是否又该想想家长的境况呢？他们是那样惧怕伤害孩子的情感，不敢指责孩子说谎或者偷窃，那么，任凭孩子一无所知的走进社会，不是同样应该受到斥责吗？惠特曼认为，做父母的应该告诉孩子："你的体内有一种力量，这种力量在很大程度上决定着你生活的幸福感；你需要保护、控制这种力量。你将来不太可能忽略或漠视这种力量，而且必须让这种力量与你的头脑、你的理性和你的责任协调一致。这种力量就存在于你的体内，丝毫不要有什么羞耻感。它是世界上的主导力量。而令人感到羞耻的是用羞耻的方式利用这种力量。"然而，父母们的态度却常常是在处理这个问题时，不是把性看作是神圣的，就是觉得无法开口，所以好像恰恰是孩子自身的起源从本质上讲是件羞耻的事。

事实上，希腊人倒真的可以本能地意识到肉体与灵魂至关重要的互相依赖的关系；不过他们过分地看重年轻人的健壮和俊美，欣赏那种容光焕发的展示，却过分地把人的衰老和身体缺陷视为耻辱和身份低微。而惠特曼所展示的博大胸怀则是：无论身体遭受了什么灾难，辛苦劳作或者经历战争，患病或者犯罪，这些都是丰富而又广泛的生活体验，并不一定就会妨碍精神与肉体的统一和谐。这是惠特曼信仰人类之间存在着一种必要的兄弟关系的最有力证明，也就是说，那些令人感觉恐怖和悲惨的事儿在他看来似乎阻碍人道主义情怀的存在，因为同情心是出自本能，而不是需要做出真诚努力的事情。这里，惠特曼站在了人类最伟大最美好的精神世界一边，因为没有什么能让他感到震惊和畏惧。他也并没有把人性称作尘世中最好的东西，但是人性是他所熟悉的唯一世界。而且人性炽热的兴趣、澎湃的激情、活力四射的飞跃和涌动，毋庸置疑地证明了人类与某种灿烂辉煌的事情有着联系，任何罪行或灾难都不能让我们丧失应继承的部分。他的观点完全与丑恶的加尔文理论背道而驰，因为加尔文主义认为上帝把他创造的一些生灵发配到世界上是让他们感受痛苦和灭亡。惠特曼说，无论你的身体或者灵魂出现了什么情况，都值得你去生活，包括你现在的、过去的生活。我们没有灵活可变的补偿机制和抵消方法去补偿或抵消我们曾经或者正在面临的恐怖和痛苦。就这一话题，惠特曼宁愿使出浑身力量去争辩：无论你的身体有什么缺陷，无论你的头脑有多么愚昧，对你来说，我们可以活在当下，参与到生活中去就是一件好事。总而言之，生活的实质并不是事业上的成功、社会地位的尊贵，生活上的舒适，或者从另一方面讲，生活的实质也不是事业的失败，社会地位的卑微，或者是绝望的境况。人的出生完全是一种自然现象，所不同的是出生的时间和地点。人是个复杂的生物体，通过身体的需要、欲望，感官的乐趣，及对陌生世界的观查和领悟，逐渐成形，成为确切的自己，而不是别人。正如惠特曼在他自己最好的一篇寓言里说的：

“经历出生，生活，死亡，葬礼，体验了人生百味，一样也不能省掉。

“经历愤怒，损失，野心，无知，倦怠，遭遇了人生之路的颠簸，无人例外。”

3

沃尔特·惠特曼也声称自己是个诗人，不是歌唱过去的诗人也不是歌唱现在的诗人，而是歌唱未来的诗人。在前面的文章里我引用过他的诗《回首一瞥》，而且我认为，如果希望理解惠特曼的诗，至少像惠特曼本人对自己的诗理解的那样，我们需先好好读读。惠特曼在诗中说："任何等级、任何魅力或任何财富所形成的独立优势——过去所有诗歌的直接线索和间接线索——在我看来都不符合共和主义的精神……我知道，那些已被人们认可的诗，在可以歌颂的成就、各种荣耀和珍藏在人们心中的回忆等方面具有极大的优势。"而且他还说："虽然受过教育的人越来越多，现今的世界却已经变得越来越令人厌倦，留给我们这个时代的只是在继承所有的一切。"他进一步写道："古希腊和封建时代的诗人把英雄主义和高尚赋予他们笔下神一般的、出身高贵的人物，而我却要赋予美国民主制度下的普通大众。我要展示，就在这里，就是现在，我们的人民完全有资格称得上伟大卓越——比古代的任何时期都有资格。"

这是一个崇高的要求，从目前看来这一努力显然取得了进展并得到了拥护。而我觉得正是这一点是靠不住的，因为我不认为自己真的了解美国的民主精神。然而，假定美国式民主是一种自由的、高尚的精神，真的是一切从头开始，这种精神是否会在世界历史的任何时间有可能适合任何国家，对此我表示怀疑。美国并不是一个新的国家，从某种意义上讲，美国是一个很古老的国家。由于其具有的活力，这个国家已经开辟了全新的、壮观的领域，已经扫除了古老的习俗，但是美国却不能摆脱其性格的遗传。根据我的判断，我认为过于强调美国的反叛观念和全新生活意识为时太早。如果惠特曼没有觉得自己有些受到束缚和阻碍，他本人不会如此着急地宣布对旧有事物的厌恶。某种情绪一旦如潮的涌现，可以肯定这个时候发言者的眼睛里就会出现对手。爱丁堡大学教授布莱基在一次长篇演讲中猛烈地向时任牛津大学贝列尔学院院长诸伊特发出质问，抨击英国老式大学的古板。在演讲快要结束时，布莱基教授宽宏大量地说："我希望你们牛津大学的人不要以为我们是你们的敌人。""不会的，"敏锐的诸伊特冷冰冰地说，"说实话，我们根本不会考虑你说了什么！"一个人，只要他真的勇于开创，沉着冷静，确信自己的力量，就不会像布莱基教授那样关注自己前辈的态度。也许，真的，美国的民主精神可能正在悄悄地为自己强大的力量而感到得意，这个国家可能只是在等待合适的时机把这种精神说出来。但是我不认为美国已经找到了准确的表达机会和方式。在我看来——但愿是我错了——就文化事态而言，美国人比英国人更认真，也更热心于了解过去人们所取得的成就。英国人把过去的文化发展视为理所当然的事情；他们很有可能更深切、更直接地受到其传统的穿透，这种穿透的程度也许连他们自己也未察觉出来；自从18世纪末浪漫主义运动在英国兴起一直到现在，总的趋势就是无政府主义和反古典。例如华兹华斯、勃朗宁、卡莱尔、罗斯金这样的作家，他们就很少表现出遵从的意愿。他们甚至不肯费神维护他们自己的独立性；怎么想的他们就怎么说，想到哪里就说到哪里。但是美国的文学精神在我看来基本上不是一种民主精神。除了沃尔特·惠特曼的情况之外，美国文学没有显示出任何想要创造新形式或者发布新思想的强烈倾向，也没有逃离出来，开始进行初步的、全新的、未成熟的文学实验。美国人的做法颇有些像当年的罗马人。罗马人就是急切地采用和模仿希腊人的模式，对希腊文学形式非常欣赏，但是并没有理解希腊文学的精神。文学艺术中的反叛，例如英国的浪漫主义运动，没有时间关心古老的形式和传统。像华兹华斯、济慈、雪莱、拜伦、司各特这样一些作家，并不在意过去的古典流派是如何工作的，他们要为自己说的话太多了。他们把过去发生的事当作采矿场，而不是当作典范。但是美国的一些著名作家并没有创造出新的形式，或者发明出英语的不同用法。他们拓展传统，使传统更加清新，并没有把传统抛弃。如果我对事实阐述正确，我认为他们也没有开发出一种新型的上层社会。惠特曼对民主的谈论与主题无关。提升和降低的过程只能产生低标准。世界所需要的是一种新类型的贵族，无论是在英国还是在美国——新型贵族应该是简朴、公正廉洁、勇敢、有同情心、热心的人，具有清晰的愿景和自由的思想。而民主政治所需要的不是对所有的卓越和伟大表现出妒忌的反感，而是对所有伟大的喜爱，对灵魂所拥有的勇气和大度的钦佩。英格兰怀疑，也许是不正确的，美国已经建立起富裕的、颇具影响力的、体魄健壮的贵族统治，而不是一种朴素和无畏的贵族统治。人们相信，竞争精神，即努力夺奖牌的精神，在美国比在英国更占优势。没有人怀疑美国强烈的能量和自信；但是，是否可以说这种观念（其存在是对民族活力的极限试验）在美国真的比在英国更流行？当然了，所有这些要取决于你是否将希腊人和罗马人理想的价值观高看一眼，即他们的生活兴趣，或者他们的统治欲望和追求成功的欲望是否更符合贵族的标准。如果文明的目标是秩序，那么罗马人的目标要好些。但如果文明的目标是精神激励，希腊人则是赢家。尽管美国要比英国更重视教育的发展，但在20世纪，英国人在思想观念领域所取得的成果远远超过美国人，尽管美国要比英国更重视教育的发展。

不过，要想平衡这些东西并非易事。尚无办法解决的问题在于这样一个事实，即惠特曼已经画出了一个相当不错的民主主义理想。他的民主主义者实质上是一个工作者，拥有各种活力的冲动，以健康和同志情谊所带来的狂喜状态活得有滋有味，这样的民主主义者并不在乎钱财的多少，影响力多大，社会地位的高低，他满足于过着简单的生活，寻找美，希望，爱，对了，还有劳动。在威廉·莫里斯伟大格言的精神里，劳动的报酬就是生活——不是成功、权利或财富，而是拥有充实自由的生活感觉。

我不认为这种精神还存在于英国；可是存在于美国吗？那么，事实上是什么构成了美国大众的灵感呢？美国人期待在生活中找到的是什么？他们期待的生活是什么样的？惠特曼没有一点儿怀疑。而在其他美国作家的笔下，这一理想是否又得到了充分的表达吗？

4

关于沃尔特·惠特曼的艺术方法我仍然需要再多说几句。他本人声称他没有艺术标准，不管什么样的标准。他说，他希望营造出一种氛围；他其中的一个目标是希望引起读者的联想。“如果有的话，那就是读者总会有自己的职责要承担，就像我也有自己的职责一样。”

惠特曼说，他的目的是“不能以规定的风格和方式选择情节，幸运的、悲惨的、相像的、思想的、事变的、恩惠的——所有这些情节已经不可抵挡的、很好的完成了，也许永远不会有人超过……但是要与现实生活一致，符合经科学论证的宇宙理论，并以此为基础，自此之后，任何事物就有了无可辩驳的唯一基础，其中包括诗句——将影响根植于现代的情感表现和想象力表现，控制所有在此之前或与此对立的东西”。他补充说道，“坚持把我的诗看作文学表现，或者试图解释这样的表现，或者主要目标是寻求艺术或唯美主义，那么就不会有人理解我的诗”。

当然，毫无疑问，没有哪个作家情愿自己被艺术传统所束缚，而且没有人需要考虑以前的事儿是如何完成的，遵循的是什么样的规定代码。尽管如此，艺术可不是能被评论家制定并强制执行的规矩所约束的东西。评论家所能做的一切就是确定艺术的规律是什么；因为艺术肯定有着其自身的规律，就像万有引力定律，尽管其中还有许多不为人知的奥秘。艺术越是永恒，就越需要符合这些定律。因为事实是这样的，在人类心灵里存在着表达美的活力，也存在着对表达方式和方法的识别力。例如建筑和音乐，两者同样都依赖于人类本能的偏好，建筑要考虑几何形状，而音乐讲究震动的组合。再比如说，人类比较喜欢在绝对同音选择八度音阶，而不允许一个音符的八度音阶为半音调号。这就是音乐的规律。这条规律可不是评论家发明出来的规则；这是人类感知与偏好所形成的一个规律。与此相似，尽管诗歌的规律更为复杂一些，而且尚未得到很好的解析，诗歌规律自然也是由人类偏好所确定的。新诗人并不是打破规律的人，而是规律真实发展的发现者。

这样，大致说来，问题是这样的：惠特曼选择了一种诗歌形式来表达自己，所采用的很可能是希伯来人的诗体，例如《圣经·旧约》中的诗篇和先知书。假如真的能在美学方面发展诗歌的定律，那就是个成功的尝试；如果不能，只是一种任性的变体，而且不符合诗歌的规律，很显然这是个失败。

现在我相信，惠特曼诗歌的许多效果并不符合诗歌的规律。不用更多的举例子，他的怪异的自造词就很能说明问题。他使用希腊语、拉丁语和法语的一些词语，但运用的却不正确，甚至拼写也有错误；他诗歌里连续不断的重复、列表、目录、分类，直观上我们看不清楚究竟是什么，甚至是些遥遥不可感知的东西，就像库房里的杂物那样库房门一开便无序地冲了出来。所有这些都是丑陋的怪癖，简直就是在玷污和阻塞页面。问题不是这些做法是否冒犯了评论家的头脑或者有教养人的头脑，而是这样的诗是否对任何人的头脑产生了激励的作用。

还有，他诗歌的形式时常也是一片混乱，似乎在他的头脑里并没有思考出某种固定的模式。他的许多诗开头部分表达得还算充分，可是突然却破裂成碎片，仿佛他只是厌倦了这么写下去。

另外，在我看来，一些相当粗俗、污秽、使人不愉快的诗篇不具有无情的现实主义，却充满了乏味的好奇。这样的诗歌所提供的不是对照或者强调。它们简直是在说谎，就像堆放在房间里的赃物，而这些房间却是用来供人居住的。假如有人认为，艺术可以运用任何素材，我只能回过头来说说我的信念。

我倒认为，这样的诗歌从本能方面讲令人厌恶，很难被人接受，也不会让人产生什么艺术感，就像图书馆里堆积的奶酪发出了刺鼻的臭味！没有什么道德法律或伦理法则能禁止这样的做法；但是人类的审美良知却会本能地对此进行谴责。当我查看那些曾激励并吸引人类头脑的文学作品时，无论是受过训练的还是没有受过训练的，我发现这些作品的作者都能避免闯入污秽之地。我倾向于推断，引入这样情节的作家和喜欢这样情节的读者，他们希望受到别样的刺激，产生别样的冲动，既不是什么美感，也不是艺术的感觉。但是假如惠特曼，或者别的作家，能够让世界发生转变，称这样的东西为艺术，并当作艺术品加以欣赏，那就可以证明他比我更好的理解了选择法则。

尽管所有这些都已表述了出来，也得到了承认和容许，但仍有许多诗篇表达出了真与美，精致的生活，令人难以忘怀的场景，完美的魅力。他的关于朋友之情和野外的诗，以及他描绘的家庭生活画面，经常让人的激情魔术般的震颤起来，处在狂喜和未得到满足的状态，让读者相信世界背后隐含着一些未知的秘密，并希望经历些类似的体验。

如果让我在惠特曼的诗里选一篇最具代表性的作品，那我就选《海流集》里的《从永远的摇篮里》——多么光辉灿烂的诗篇啊！我可以告诉你，我每次都是怀着深厚的情感来读这首诗的；正是在这首诗里，惠特曼充分地证明了自己对艺术氛围和对诗的启发的把握是恰到好处的；筑巢的小鸟、海边，以及大海“清澈的边际和湿漉漉的沙子”——多么神奇的诗句！——在低垂暗黄的月亮下面，碎石机发出愤怒的抱怨，男孩把脚伸进海水里，风吹乱了他的头发——所有这一切真的是无可挑剔。

鸟啊，抑或精灵！（孩子的灵魂说）

你是在对你的伴侣歌唱吗？还是在对我歌唱？

因为我，一个孩童，我舌头的功能尚在沉睡，但现在我却听懂了你的歌，

瞬时间我明白了我生之意义，我醒了，

于是有了一千名歌手，一千支歌，

比你的更清亮、更高亢也更忧愁，

一千种悠扬的回声已在我心里活起来，且永远不会沉没。

接着，他向海浪呼喊，让海浪告诉他，波动的潮水似乎在诉说着什么。

大海朝这里回答，

不迟延，也不匆促，

整夜向我低语，黎明前十分清晰

低语地向我谈着死这个美妙的词。

死这一主题，会被人们铭记的，在林肯的诗《当紫丁花最近在庭院开放的时候》以及《死亡之歌》中都得到了更充分的阐述。啊，太长了，我就不在这里引用了——甚至把这些优美的诗句刻印下来也是件令人愉快的事——这在我看来，其壮丽的语言、美妙的旋律和庄严的节拍而言——更不用说其宏大的思想——都让它们无可置疑地置身于世界伟大诗歌的行列里。

如果惠特曼总能写出这样的诗该多好啊！那样他几乎就不需要去说什么，最有力量、最甜美的诗歌仍有待于人们唱出来；但是这样的东西，以及诗歌的许多其他珍品，在于他奇特的诗行那浑浊起伏的激流当中光芒四射的片段；由此人们看出，假如真的有什么艺术规律可言的话，那就是紧贴于抑制和省略的本能。你可以想象任何事情，你可以说你最想说的。但是假如你打算通过某种语言天赋去影响人们的心灵，你就必须留心什么样的经历能让有抱负的人展露头角——仅有炽热的思想或者丰富的表达方式还不能够弥补古希腊七弦竖琴所发出的和谐之音和无法用语言表达的音乐。

第五章

魅 力

我所说的魅力不仅仅是一种表面上的典雅，表面上的典雅通过某种行为准则是可以学会的，就像一个人可以培养自己良好的行为举止一样。我认为魅力就像鲜花，是美好生活态度的一种绽放，它怀着对欢迎所有美好的、新鲜的和没有污点事物的热忱，让你不会以一种不赞成的目光或者自以为是的态度去躲避不可爱的、暴力的、贪婪的事物，而是自然地对这些充满负能量的东西产生一种羞耻感或者耻辱感，觉得这个世界怎么会有如此的残酷、贪婪和肮脏的事情！所以对此感到震惊的人是值得我们尊敬的。

剑桥附近有一个小村庄，哈斯林格菲尔德这个村名听上去就让人觉得亲切温暖。整个村庄布局不拘一格，多数房屋是白墙，稻草盖顶，房前屋后有些果园和老榆树丛，到处都是大片的草地和围场，里面是一个个草垛和大木头建造的谷仓。村子里矗立着一座坚固的教堂，是都铎式建筑，其塔楼加上四座坚实的角楼，看上去非常壮观；这里的领主宅邸同样沉淀着沧桑而浓重的历史感，遗憾的是现在只遗留下来一座配楼及其用砖砌的高高的烟囱。配楼下面是一些古色古香的老墙，一个大鸽子房，一排历史久远的鱼池。伊丽莎白女王曾在这座配楼里住过一夜。紧靠村后的一片低洼荒地，空旷而安静，一两排树木倾斜地向上生长着。

这是能想象到的最纯朴、最安静的地方，地处偏僻，生活简单，在这里生活，你几乎意识不到自己的存在，岁月平静地流过；这个小村庄，通过某种幸福的组织和聚集，具有罕见的、无与伦比的天赋魅力。对此我分析不了，也解释不了。不管何时，也不论从什么角度看，无论是鲜花盛开，果香四溢，微风习习，布谷鸟在小树林里的鸣唱的夏季，还是在花谢叶落，白雪皑皑，炊烟袅袅的冬季，暗淡的落日透过云雾照耀着光秃秃的山地，这里都有着奇妙的美的感染力，这种品质可不是策划或者设计出来的，是一切上天安排的但又是那么合理，很少有可以改动的地方。整个村庄的建成完全从满足村民需求和生活便利的角度出发。成排的树木是为了遮阴，果树的种植是为了自产水果，房屋的建造是为了居住方便；只有在教堂和领主的宅邸，你才能见到适当讲究的布局，以表示其家族的庄严地位。这个小村庄周围还有十几个村庄，它们的存在出于相同的需要，有着与这个村庄相同的历史。然而这些村庄却缺失了哈斯林格菲尔德被人忽视的魅力，这种魅力不完全是人类设计出来的，也不仅仅是大自然巧夺天工的结果，它是人类与自然和谐共生的典范，这种和谐可以让人在瞬间感受得到，产生出异常奇特的效果。

这一魅力的部分原因产生于微妙的秩序和简单舒适性的糅合，部分基于以某种未确定的比例将精美和感伤的因素融合。

它似乎将未知的记忆转移到了生活里，并暗示着某种既古怪又微妙、充满忧虑情绪的工作状态，你可以在这样美妙的环境里沉思自己的工作，在这里改变一点形状，在那里添上一道色彩，等到一切就绪，高兴地看到，啊，这样真的很好！

如果你仔细观察生活，你就能在人性里看到相同的品质，无论是男人还是女人，无论是在书上还是在画里，你说不清这些品质形成的必要因素是什么。这其中似乎没有什么奥秘能让你捕捉得到，可这种奥秘会不时地出现在这里或那里，就像随意刮来的风。它们不是控制力，不是独创，也不是发明。很奇怪的是，它们常常缺乏任何一种好支配人的特性，但是它们总是具备相同的、使人恋恋不舍的吸引力。让人渴望去理解它们，拥有它们，为它们服务，并赢得它们的青睐。在弗朗西斯·汤普森的诗里，有个孩子似乎在说："我要你，没有理由。"说的就是这样的感觉。这话说得很精确：某种状态里并不存在什么可以提供或给予的东西，但是人们却像被施了魔法一样必定要为它服役，为了爱或者为了快乐。我们期待能从中得到的东西其实并不存在，然而这种东西却深深地被人的灵魂所接受；它就存在于使人疯狂的欲望背后，兴奋的面孔上、狂舞的双手中、颤抖的嗓音、激动的笑容里——拥有的欲望，占有的欲望，求知的欲望，即使知道没有别人能够拥有或提出要求，人类生活因嫉妒而产生的悲剧，其根源多半就是这些东西。

某些名人具有非凡的个人魅力。你在浏览过去的生活记录时，一旦你发现某些人在自己所处的圈子里有着令人费解的掌控力，一辈子生活在暴风雨般的掌声里，受到许许多多人的崇拜，你或许就能相信魅力真的是一种很神秘的东西。

拿阿瑟·哈勒姆来说吧。（丁尼生曾在组诗《悼念》里对自己的这位挚友的早逝进行过追思。）我记得，格莱斯顿先生在谈到阿瑟·哈勒姆时眉飞色舞、两眼放光，有力地打着手势，以示强调。他认为，无论是在身材、品德还是在智力方面，哈勒姆是他见过的或者希望见到的最完美的人。我记得，他当时笑着说："米尔恩斯·加斯克尔与哈勒姆的友情故事真的很有意思。要知道，那时候的人们很容易坠入爱河。哈勒姆与加斯克尔同时喜欢上了 E 小姐，但是为了友情，加斯克尔放弃了对 E 小姐的追求，把她让给了哈勒姆。"

然而，挂在伊顿公学教务长房间的哈勒姆肖像让我们看到的却是一位身体结实、面色红润、表情愉快的年轻人，相貌并不那么让人敬畏，——格莱斯顿先生说这是装饰过度造成的，这让哈勒姆看上去不像是个聪明的天使，倒像是歌剧舞台上年轻的乡巴佬。

更奇怪的是，哈勒姆留下的信札和诗稿以及其他遗物并没有展现出他所说的令人神魂颠倒的东西；它们是浮夸的，精心制作的，完全没有什么意思；似乎他也并不那么和蔼可亲。达德利勋爵告诉弗朗西斯·黑尔，他曾在意大利与哈勒姆的父亲——一位历史学家，一起吃过饭，哈勒姆当时也在场作陪。哈勒姆的父亲说："坐在一旁无动于衷，听着儿子如何斥责父亲，真让我高兴，这让我想起了父亲是如何经常无情地斥责我的。"

那副肖像画上，哈勒姆乌黑的眼睛和似乎在动的嘴唇显露出些许美的迹象，你不需要引用组诗《悼念》来证明哈勒姆的魅力是如何征服了丁尼生及其圈子里的人。机智，思维敏捷，可爱——所有这一切特征都显示在肖像上；而且就是这个样子，阿瑟·哈勒姆受到了同时代人强烈又有些嫉妒的崇拜和爱慕。显然只有当一个人有着征服性的人格魅力才能够解释他为何受到人们不约而同的赞美。哈勒姆遗留下来的信件和诗稿里似乎并没有什么承诺或者自诩的成就，但是我们完全可以在他朋友们的评价中找到很好的证据表明，哈勒姆确实是一位天才。

早期还有一个人，似乎也有着相同磁性魅力，其程度甚至有过之而不及，这个人就是梅尔本子爵。在劳伦斯为梅尔本画的肖像里显然让我们得到了一点暗示，何止是一个暗示，肖像里的他散发着非凡的魅力：浓密的卷发，精致的鼻子，饱满有型的嘴唇，真的非常有吸引力。尽管浓眉之下的那双又黑又大的眼睛同时流露出感伤、热情、讽刺和悲哀的目光，但同时却能唤起我们一种异常的感觉：人类所拥有的每一个能使自己处于优势地位的天赋才能都在梅尔本子爵的身上展现出来。他出身名门，富有，能干；他充满幽默感，能很快掌握一门学科，一个无所不读不知的读者和学生，一位著名的运动员。他赢得了男人和女人们的爱戴。他与美丽可爱的才女卡洛琳·庞森比的婚姻表明了他是如何善于博取女人的芳心，因为庞森比曾因迷恋拜伦未成而伤心欲绝，心智受损。在那段时期，还没有哪个人物可以让人们喜欢到拥有他个人回忆录的地步。然而，尽管他获得了如此的声誉和很高的政治威望，他却是一个不开心、不满足现状的人，他体验了各种生活乐趣，到头来却发现一切都是浮云。

梅尔本保留下来的格言表明了他的摇摆性，他时而愤世嫉俗，时而精明过人，时而充满智慧，时而和蔼可亲。当内阁成员饭后走下楼梯讨论《谷物法》时，他说：“停一下。面包的价格降还是不降？这没有什么太大的关系吧，但是我们的意见必须一致。”然而，还是维多利亚女王的信件和日记泄露了梅尔本魅力的真实秘密。梅尔本与年轻女王的关系在近代史上是最美妙的事件之一。梅尔本对女王的爱像是一位父亲，也像是一位骑士，而女王显然也十分喜爱她勇敢的、有魅力的首相，在与梅尔本相处的过程中并没有顾及自己尊贵的地位。梅尔本以幽默的方式迁就女王，为女王出谋划策，关心照顾她；反过来，女王极度崇拜梅尔本，记录梅尔本说过的只言片语，允许梅尔本不拘礼节地表现和言谈。她充满深情地记录下梅尔本的许多趣事和古怪行为——梅尔本如何在饭后睡着了，如何总是拿起两个苹果，吃着一个，把另一个放在膝盖下藏起来。

“我问过他是不是接下来把另一个苹果也吃了。他否认了，说道：‘我只是喜欢这么做。’我提醒他，如果把苹果放在盘子里或者桌子上，他就没有权利这么做了？他大笑起来说道：‘那不是充分的权利。’”

梅尔本的头脑中也充满了各种偏见、怪念头和怨恨，但是他又是那样的宽容和大度，总是能找到合适的词语来形容自己的敌人。他曾为亨利八世的荒唐行为请求女王宽恕。他说：“你看，那些女人够让他心烦的。”（亨利八世先后有过六个妻子。）当他的首相位置被皮尔所取代时，他劝说女王改变对自己的新任首相的反感，并尽最大努力帮助皮尔树立让人喜欢的形象。皮尔第一次在温莎堡亮相时，十分害羞，举止有些笨拙，拘谨得像一位舞蹈教师，正是梅尔本打破了这种尴尬的场面。他走向皮尔，低声说道：“看在上帝的分儿上，快去跟女王说几句话！”梅尔本写给女王的信都被很好地保存下来，并装订成册，配有华丽的封面。在我获得特权通读这些信件时，信中字里行间蕴藏的甜美、亲切、平缓而不失幽默的味道，微妙的自白，甚至他们相互交换的礼物和纪念品的细节描述，都让我深受感染。

梅尔本几乎不能被称作非常伟大的人——他的意志和韧性还不足以使他成为伟大的人，而且他对人的本性的态度是矛盾的：既过于轻视，又过于宽容，——但是在我所知道的历史人物当中还没有谁像他那样浑身散发着不可抗拒的人格魅力。他所做的每一件事，他所说的每一句话都是那样与众不同，非同一般：敏锐的观察，成熟的智慧，所有这一切，再加上宠坏了的、但又很迷人的孩子身上那种任性所带来的吸引力。然而，即使是这样，人们还是觉得困惑，因为他所说的话并不深奥或者庄严，却总能给人留下深刻的印象。其实，正是因为他总能针对某个想法或某个句子说出自己的意思，微妙而且不可思议，才使得他根据生活所做出的最简单的推论，他最明智的判断力，看上去似乎更为新鲜，更为有趣，尽管许多精明的人也说过相同的话，却说得都是那么严厉、那么生硬。

尽管最美好的事情往往都是孩子们做出来的，他们天真，不受各种规矩的约束，但这并不是说魅力需要你随心所欲，反复无常。有些人所具有的吸引力似乎有着某种令人感伤的美，甚至无助的可怜相，这些人中我认为红衣主教纽曼是最为突出的一位。纽曼似乎总是觉得诧异，自己怎么会受到那么多人的关注，甚至超出了他作为主教应承担的责任。他是一个浪漫的、柔情似水的人，遇到让他动情的事，眼泪很容易就流出来。当他在利特莫尔与自己的空房间告别，亲吻着门柱和床时，我们就可以对他强烈的感情有了更深的了解。

这并不是说，只有沉着冷静、自制力强的人通常才对别人有吸引力。恰恰相反。正是有些人本能地信任和依赖他人的举止才会轻而易举的获得人们关爱的情感，而且他们能够将这种本能与迷人的游戏态度结合在一起，所以这样的人反倒是更具吸引力。很有可能，这一类型的魅力包含着深层的性冲动，无论这样的感觉多么微弱、多么无意识。孩子往往会向大人提出诉求，认为这是他们的权利，并以相当淘气的方式加以运用——就像小猫小狗故意装出生气的样子——而且如果诉求得到允诺，孩子就会幸福地欢喜雀跃起来，可是愿望一旦没有得到满足，孩子就会泪汪汪地要求家长相应地给予补偿。对身为红衣主教的纽曼来说，我们这样进行比较似乎有些不太尊重他。不过，纽曼首先是艺术家，成为神学家那是后来的事。他需要安慰，需要认可，甚至需要掌声。他不仅唤起了朋友们对他的爱和崇拜，同时也唤起了大家的同情心，并得到了他们骑士般的保护。从逻辑性和知识性上看，他写的东西并没有多大的力量。他著作的力量在于文中蕴藏的不可言喻的、芳香的魅力，有序的优雅和无限的痛苦。

希腊语用来表示这种微妙美感的词是ξαπιχ，而希腊人愿意倾听这个主题，因为像世界上已存在的其他民族一样，他们更容易被这种美感所打动；希腊人高度评价这种美感，寻求、崇拜这种美感。这个词本身在译成另一种语言时，就像许多大词一样，语义往往会受到损害，因为任何语言里的大词、终极的词总会意味着一些言外之意的概念，而这些概念不可能精确地用另一种语言的某个词表达出来。让我们暂时运用语言学适度地说明一下。大家知道 ξαπιχ 这个词在希腊语里是一个名词性实词，其动词是 ξαιπω，意思是“欣喜”或“高兴”。我们把这个词译成英语的 grace（意即优雅），除了其神学的含义外，它的语义非常丰富，意思是指一种天赋的魅力和美，一种在本质上与生俱有的才能，不可能花点心思就能获取的东西。当我们说某件事情做得完美，我们所指的是这种完美似乎让人觉得整个过程无比愉快、恰当、适宜、美丽。我们所有的感官都会愉悦起来；我们计划完成的事情进展的如此顺利，似乎一切都是理所当然的、简单容易、规矩有利、亲切和蔼、舒适愉快的，胸有成竹却不张狂，公平正直但并不死板、不近人情。看到事情是如此完成的，且不说是什么事情，都会让我们产生一种欲望，羡慕也好，嫉妒也罢，我们希望自己也能以相同的方式顺风顺水；这样的美感让我们觉得那些值得我们去做的事儿似乎并不难成，我们在实现的过程中也不必费尽九牛二虎之力；从道德教益这个层面看，这正是美的魅力所在，而其所树立的榜样是很有感染力的。但是当我们笨拙地把这个词译成英语的“grace”时，我们便失去了这个词的根本概念，也就是失去了这个词所具有的某种快乐的含义。依照 xapic 本来的词义，做事的过程应该是愉快的、自然的、热情的、发自内心、有着丰富想象力的；通过这一过程所获得的成果对普通人可以产生极强的感染力，因为这样做事的方式是在激发我们美丽和快乐天性的自然萌发，这些天性的萌发就像清澈的泉水从铺满晶莹沙底的池子里冒出来一样。我们的一言一行都出自平静的快乐储备，并非出自所谓的责任感，或者是被迫地服从某种主义而采取的行为，而是因为抛开特定的事情不谈，这个过程让人们心怀美好、充满愉悦，可以让我们经历一次幸福的体验。于是这个词成为基督徒生活的根本观念；上帝的恩典是一种力量，在与没有规矩、充满疑虑的世界开始发生冲突之前，整个早期福音的布道就充满了这种力量——宁静安详、没有心计的生活，日子过得简朴纯真，依据的不是冷酷的禁欲主义原则，而是因为这样的生活非常美好。这样的方式象征着充满乐趣的生活，与生活中的忧虑、渴望和野心截然不同；分享快乐，捐出多余的物品，相亲相爱，在世界万物中寻求生活的乐趣，比如鲜花、动物、孩子，都是非常美好的，这样我们的心灵才能避免被世界上的争斗、贪婪和憎恨所蒙蔽或玷污。人们最初接触到的福音故事，其精美品质源自这样一个事实，即所有一切皆起因于欢喜之心、充实生活真实价值的确定性，与生活当中的丑陋现象作斗争的决心。其根本含义就是要求人们不求索取，心甘情愿地过着简朴而又甜美的生活。除了最纯真的幸福权利之外，不强求任何东西——比如朋友圈里可以通过相互敬重而获得快乐，这样一来个人欲望的牺牲是世界上最容易最自然的事情，因为这样的牺牲既能得到最好的回报，也是爱的最高层次。正是在这里存在着原始基督教的力量，正是在这里人们才拥有了某种快乐的秘密，这样的快乐可以把所有普通的事物甚至是忧伤和苦难，变成金子。而如果一个人能够享受磨难所带来的喜悦，他就会走上正途，不会受到伤害。

追溯伟大而又崇高的思想是如何衰落的并不是一件愉快的事儿；但人们可以从中窥见“恩典”是如何在清教徒祖先手里被颠倒过来的，那个时候“恩典”变成一种争斗，不是通过亲切之心耐心地赢取上帝的敌人，而是擦亮神圣之剑的锋芒，授权给忠实的基督徒，让他们去砍下亚玛力人的屁股和大腿；于是，曾经象征着完美和平与诱人魅力的圣剑变成了迫害的象征，鲜花盛开在痛苦的惨叫声中和流淌的血泊里。

只有花费很长的时间我们才能从那个遗留下来的阴影里爬出来；但是许多迹象表明，世界上有一种正在觉醒的兄弟般的关系；也许有那么一天我们能找回长期被粗暴对待的古老真理，即所有宗教的本质是审美精神和快乐精神的协调统一，是专心付出而不是索取，所以我们最后也许能有这样的领悟，富有成效的道德力量并不体现在恐吓、禁止和强制上，而体现在善意和忍让上，体现在对责难和处罚的反感，对所有慷慨大方、有武士风度的和高尚的生活方式欣喜的接受中。

因此，我所说的魅力不仅仅是一种表面上的典雅，表面上的典雅通过某种行为准则是可以学会的，就像一个人可以培养自己良好的行为举止一样。我认为魅力就像鲜花，是美好生活态度的一种绽放。它怀着对欢迎所有美好的、新鲜的和没有污点事物的热忱，让你不会以一种不赞成的目光或者自以为是的态度去躲避不可爱的、暴力的、贪婪的事物，而是自然的对这些充满负能量的东西产生一种羞耻感或者耻辱感，觉得这个世界怎么会有如此的残酷、贪婪和肮脏的事情！所以对此感到震惊的人是值得我们尊敬的。假如我们以阿西西的圣方济各（又称五伤方济各，毕生善度神贫生活、服务他人。他爱与花草鸟谈，并视所有受造物为兄弟姊妹。）这个人物做例子，我们就会看出他紧紧地掌控着这种秘密。尽管这其中掺杂着各种各样的迷信和狂热的崇拜，有关圣方济各的记载还是真实地反映并复原了古老的基督教的生活乐趣。他热爱大自然，他热爱动物，他热爱花草，他热爱孩子；他以自己的方式高声歌唱地球上所有美好的东西，他在颂扬“我们的沃特姊妹，因为她能极大地帮助我们，谦逊而且圣洁”，时能显示出一种难以抑制、自然流淌出来的喜悦。他勇气十足，敢于做大多数人（男人和女人）从来不敢去做的事情，那就是彻底清除自己的财产及其可能引起的纠纷。但即使这样，古老的传说也把圣方济各的一些做法曲解成一种自负的愿望，说他就是想一本正经地树立一个好的榜样，借机警告，指责和引导信徒。但是圣方济各的禁欲主义是唯一类型的禁欲主义，有着其独特的魅力，是一种自我节制，也就是说，是发源于快乐感觉的禁欲主义，是依据对其美的感觉而实践的禁欲主义，不存在那种羞怯的、焦虑的算计。不可否认，中世纪时人们认为肉体在本质上是污秽、卑劣的，而这样的观念同样困扰着圣方济各，给他以强烈的刺激，就像夜魔缠身。但是除去这一点，人们还在他身上看到了诗人的风范，认为他是一个具有不可言喻魅力的人。圣方济各觉得，与罪人为伴至少与圣人为伴一样吸引人，道理很简单，罪人常常也有足够好的表现意图和谦卑，而且用不着丑陋地装出伪善的样子，获取别人的尊重，因为在所有事情中，伪装最强烈地破坏了均衡感，最大程度地脱离了自然的欢乐。圣方济各感觉到并接受了人性，识别出了拒绝成功的失败也具有美感，他的理由是，有意识的失败能使人知恩图报和充满深情，而成功却常常使人冷酷和无情。

由此说来，圣方济各所做和所说的一切都散发着美妙的芳香，尽管他一定会痛苦地接受一些愚蠢、浮夸追随者的考验，因为追随者们常常误解或歪曲他，并把他所谓的灵魂深处的秘密置于光天化日之下。在圣徒的名单里，很少有谁能像圣方济各的个人魅力这样如此美丽、感人，因为他已经臻于完美，保持孩子般对这个世界的新鲜感和信赖感正是他所有魅力的秘密所在。

魅力当然不能等同于美，只是美的一个组成部分。大自然和文学艺术作品中都存在着许许多多壮观的事物，从阿尔卑斯山的马特洪峰到《力士参孙》，但是它们并没有魅力，却能唤起人们一种不同的感叹，令人崇敬、无比宏伟、望而生畏，这种壮观的存在很难让我们感到安逸。而魅力却不同，它从其本质上讲具有一种令人感到宽慰的品质，是需要人们用心去采集和感受的东西，如果说关于魅力有什么神秘的话，就像所有美丽事物都有其神秘所在，人们会情不自禁的想去了解其中的奥秘。魅力的品质会使人们渴望漫游在朝圣路上，以便让自己忙碌的心灵停下来休息一会儿，获得满足。魅力让人觉得亲切、可靠，具有韵味十足的吸引力；想到再美好的东西也会有落幕的时候，魅力所留下的影子却是温和的痛苦和悲怅，其本身多半是在享受悲哀。正如罗伯特·赫里克写下的《致水仙》：

别忙走，别忙走
直到匆忙的白日
日尽
夜晚来临；
我们一起祈祷，
我们与你同行。

我们只有短暂停留的时光，如你一样
我们只有如你一样短暂的春天；
如同你一样绽放的刹那就要面临死亡
如你，或者如任何事物一样。

有此番心境的人们在死亡即将来临的时候不会感到恐怖或者绝望；如同当你看到一个小村庄，连同其一座座小屋顶和一棵棵大树的剪影一起，随着夕阳落到了山后而笼罩在夜幕里，你不会为此感到恐惧一样。美也许是一种可怕的东西，就像处在激流直下的瀑布，四处是翻腾的漩涡，对美的感受又或者像处在乌云压顶，自天而降的电闪雷鸣当中。美的背后也许是荒芜、忧伤、孤寂和废墟，存在着强烈的动感，无情的力量。但是魅力的出现却标志着安全和善意，即使其最后的结局不可避免地要用某种仁慈和宁静的事物照亮。魅力的危险在于它是多愁善感的根源，而多愁善感的危险并不在于它不真实，而是在于这种情感让我们失去了均衡感。没有小场景和落日作为背景，我们就会开始不知所措。我们的眼睛已经变得是那么习惯于把视线落在处处开着鲜花的乐园，及其园中那一排排树木上，但我们却不能忍受面对遥远的地平线的未知，更不用说面对风暴和黑暗的威胁。

对那些能够让我们将目光投向身边魅力的人们，我们应该深表对其的感激之情，因为如果缺乏这样概念的生活，即使身处高位，高贵庄重，日子也很容易过得粗糙和匆忙。与人生的大多数事情一样，真正的成功并不在于选择一种力量而忽视另一种力量，而是在于一种预期的妥协。无论我们是否愿意，生活的伟大事务和无法更改的事实在我们的心灵里闪现；即使某个人的头脑倾向于想象最伟大的希望和目标，他可能会在比较小而简单的快乐当中找到力量和慰藉。具有特定品质并且非凡的人物，例如卡莱尔[①]和罗斯金[②]，他们不会让显微镜似的眼睛阻碍对生命意义进一步地追问，也不会使自己在探索之路上分散精力。他们对细节始终保持着极大的兴趣，并形成了两个人各自的特点。还没有哪个人能像卡莱尔那样优美地描述荒野和野山的特色，深沉的寂静让读者似乎听到了远处野羊在啃吃着青草；没有哪个人可以用语言如此生动地捕捉稍纵即逝的人物姿态和如画的风景，或者更为急切地把目光停留在沧桑岁月留下的雕塑般的面孔上，比如可怜的老农夫那粗陋平庸的脸庞。琥珀色瀑布，及其柔和、半透明的边缘和飞溅的水花，或者某些半褪色的壁画那昏暗的光彩，或者就要倒塌的、峭壁似的教堂前脸那复杂难懂的外观，有谁能像罗斯金那样对这样的场景感到欣喜若狂呢？但他们没有仅仅停留在那里。是的，卡莱尔在其热烈追求真理和力量的事业中是那么耐心地去描述日常生活里的美。而罗斯金呢，令他沮丧的是，当他发现任何呼吁或者痛骂都不能诱使男人们和女人们留心美的信息时，他痛苦极了。

然而，实际情况是，无论我们如何流连忘返，我们如何痴

---

① 托马斯 · 卡莱尔（另译为卡列利）（Thomas Carlyle，1795 年 12 月 4 日—1881 年 2 月 5 日）是苏格兰评论、讽刺作家、历史学家。他的作品在维多利亚时代甚具影响力。

② 19 世纪英国杰出的作家、批评家、社会活动家。代表作有《时至今日》（1862）、《芝麻与百合》（1865）、《野橄榄花冠》（1866）、《劳动者的力量》（1871）和《经济学释义》（1872）等。

情地爱着细小的、甜美的、围绕在身边的乐趣和生活的快活，我们总是会遭遇悲伤，不管我们是否愿意。没有人能够逃脱。由此，不要在比较严峻的时刻把目光从一些美好的事情上移开（因为我们往往会以为这些不过是炫耀和虚荣），而是应该沉着地和有节制地加以运用。圣奥古斯丁写过一篇恢弘的道德故事，赞颂光的荣誉和微妙，但是到了最后，他也只能祈祷自己的心不要太受到天堂事物的诱惑。假如我们对生活的关注只是回避和痛恨生活欣然给予我们的乐趣，那么这就是错误的禁欲主义，这种回避和痛恨的本质不过是对生活的一种恐惧。但是我们可以确信的是，生活的魅力和美好对我们来说具有某种意义。虽然不是我们活着全部意义所在，但是至少对我们很重要。要使生活转变成一种连续飞行，难过的期待和永远的敬畏就是任意地选择一个体验的范围，并忽略其仁慈和善意。如果我们在生活当中制造一场悲剧，如果我们无法忍受自己舒适的安排被打乱，我们乐趣的小圈子就会被打破，我们的情感也许会变得脆弱。要想成为生活的赢家，那就为应对各种变化做好准备，并且要认识到，假如完美的全盛期行将结束，形成全盛期的力量和我们对这种力量的爱就会爆发出更大的惊奇和荣光。如果我们能领悟到这些，生活的魅力就会在我们的心灵占有一席之地，显示出某些令人欢喜、令人渴望和令人舒适的迹象，并随时与事物的本质紧密联系在一起；如果生活的魅力消失了，就像挂毯上的金色丝线或钴蓝色丝线褪色了一样，魅力就只能以另外的模式出现。获胜的途径不是让我们自身依恋或接触我们熟悉的场景和喜爱的圈子里某些特别的美和优雅，而是承认魅力是一种精神，其品质永远会让我们感觉到，它在向我们招手，在向我们低语。即使有时候劲风能将我们远远地驱入黑夜和风暴之中，让我们在刺耳的风吼中坠入波涛汹涌的大海，生活的魅力也绝不会让我们失望。

第六章

落　日

我们需意识到，在所有令人眼花缭乱的日光背后，除去生活中所有的噪音、笑声、嗜好和单调乏味的工作，还存在着美的精神，这才是落日为我们心灵带来的最好的礼物，因为这种精神并不总是会在白天比较喧闹和急切的炫耀中显露出来抑或留下痕迹。落日所具有的力量则能在它所创造出来的景色里编织微妙而又超然的神秘，而在白天，除了显而易见的生活气息之外，我们看不到什么。

暮色的流彩，西边燃烧着的明亮的晚霞，不再带来令人困倦的酷热，逐渐暗淡下来的天空飘来惬意的凉风，这是一天里最庄严、最神圣的时刻。而清晨的曙光也自有其壮观的光彩，当人们必须重新挑起每天的重担，开始忙碌各种日常工作时，曙光在神秘的薄雾当透出光芒，把一层层云彩拨云见日地调成一天里的日光。傍晚时分，当落日从辉煌和壮丽的色彩中逐渐暗淡下来，漫天星光闪烁的宁静之夜到来之时，忙碌了一天的人们方可以闭上疲倦的眼睛睡去，似乎在为神秘的死亡进行着预先的排练。所以，随着一天忙碌的暂停，逐渐暗淡下来的天色是对大地万物生息的祝福。黎明将美的圣化带入生活新的篇章，吩咐灵魂记住一天下来所经历的辛苦和渴望，新的一天正是从清新、纯真的阳光普照大地时开始的。随着夜晚的临近，白天做的事和说过的话成了不能抹去的事实，此时的心境不是期盼的希望和冒险，而是不可改变的回忆，一天中所处理的事物结局已定，无法改变或得以修正。如果说早晨起来我们觉得自己有能力支配生活，那么到了晚上我们则会明白，无论我们的事情做好还是做糟，生命的力量对我们的控制已经得到了断定，而且如此这般，我们已无法删减它给我们留下的记录。

所以夜晚的气氛更广袤、更明智一些，因为我们不得不想自己少些，想上帝多些。在黎明的曙光里，我们往往会觉得自己有事情要做，没有什么人，即使是上帝，能够阻止我们把自己的意愿施加在身边的生活上。但是到了晚上，我们开始怀疑，我们能发挥的力量到底有多大。我们意识到，我们的欲望和冲动实际上早在远古的时候就形成了自身的根，任何求变的努力和能量都无法将其撼动。直到最后我们抱着感激之情想到：我们一直被允许感觉和体验眼前的生活。一天，我坐在一位贵妇人床边，她和蔼可亲，是一位伟大艺术家的遗孀。她的房间墙上挂着一些丈夫的作品，画面色彩丰富，线条优美，光线柔和。她曾在艺术圈子里生活了多年，积极参与各种活动，在圈子里占有着重要的地位，她见过并熟悉上一代所有伟大的艺术人物。此时的她平静而又庄严地等候着自己生命的结束。她深情地对我说。“啊，我唯一的心愿就是我还能继续感觉——这将带来许许多多的痛苦和折磨，但是能感觉到痛苦至少说明我们还活着。在我的生活中有那么一两次，我觉得自己对痛苦失去了感觉，受到了打击，我甚至无法忍受。这是我唯一恐惧的事——不是死亡，不是沉默，而是感情和爱的消失。”这话说得太精彩啦，充满了活力和生命的气息。她不希望以一种未获满足而感到痛苦的心情回忆，或者留恋过去的岁月；在她那虚弱的身体里我看到了一种不朽的精神，这精神就像旧鸟笼里的一只婉约歌唱的鸟，不论鸟笼经过多少风雨的吹打，鸟儿却仍然引吭高歌，歌唱着对生命的热爱。

一个人不论能享受多少生活的奔流和生动——而我作为其中一员，虽然如今我的活力以更确定、‘更惯常的渠道流动’——然而我觉得，尽管人们已经可以利用试验的手段完成某些事情，能用更少的时间承担以前还不能确定的东西，然而，把能量集中起来，明确地了解自己希望从事的工作到底是什么，那将是一种深感满足的收获。

我并不觉得自己的生活源泉正在枯竭，生活的动力逐渐减弱，相反，我清楚地感受到生活潮流奔腾的强度比以往更加剧烈，因为我已知道自己的能力有限，不能把自己有限的能量花费在无用的事情上；我已经懂得什么样的成就来自喜悦之心，什么样的目标是不重要的、没有结果的。年轻的时候我渴望出名，得到别人的承认和服从。我希望有机会挤进各种团体，树立自己的形象，以便赢得别人对自己的羡慕。如今，生命的日落时分越来越近，浓缩的光线从更远的地平线上退去，在白天最后的时刻更强烈的跳动着，很快就全部隐没在黑暗之中，四周出现了浅浅的、朦胧的月色。我们如果只能短视地在一百面小镜子里看到自己的影像是件多么可怜的事！那些镜子里没有一点真实的东西。轻轻的问候，偶然彬彬有礼的谈话，浅浅的恭维——这样的事情一出现就会很快隐去。唯一值得我们做的应该是忠诚的、实实在在的工作。这样工作需要你付出真正的努力和辛苦，需要你耐心地形成自己独特的观念和想法，它可以让你的心思活跃起来，受到鼓舞和激励。你会慢慢意识到，一个人所珍爱的工作除了对他本人，其实在很大程度上对其他人并无太大的意义；工作不是呈献给其他人的一份高尚的礼物，而是为了可以让我们自己健康快乐的生活，由此带来的爱只能是短暂的、要知道一时的自我快乐，根本算不上爱，因为爱就意味着受苦受难——不是雅致的遗憾和丰富的幻想，而是艰苦的和无望的痛楚——这才值得称之为爱。这就像是落日的余晖，包裹着奔向死亡的闪光，逐渐暗淡和流逝的光线虽然极不情愿地从黝黑的山谷和昏暗的林地离开，然而却头也不回地大步向前越过潮湿的山地和波浪汹涌的海面，勇敢地去迎接一个新的黎明。

我们需意识到，在所有令人眼花缭乱的日光背后，除去生活中所有的噪音、笑声、嗜好和单调乏味的工作，还存在着美的精神，这才是落日为我们心灵带来的最好的礼物，因为这种精神并不总是会在白天比较喧闹和急切的炫耀中显露出来抑或留下痕迹。落日所具有的力量则能在它所创造出来的景色里编织微妙而又超然的神秘，而在白天，除了显而易见的生活气息之外，我们看不到什么。某次我外出旅行，临近黄昏时分来到了一个繁华的港口小镇。在这里你能发现生活的所有乐趣和稀奇古怪的东西。一座座仓库鳞次栉比，装满货物的板条箱歪歪扭扭一直垛到了仓房顶部；一艘艘轮船上的烟囱锈迹斑斑，管道裂开了口子，还有舷梯和楼梯口，悬垂的小船都停泊在繁忙的码头上。你无法明白或说清好多奇形怪状东西是干什么用的，或者看明白那些蜂拥而至、忙忙碌碌的人们到底在做着什么生意。深沉的船鸣和刺耳的汽笛响起，该起航了！船员们向岸上的人们挥手告别。这是最完整、最匆忙的生活，事实上这样的生活所要求的和强调的是对我们身处这个世界的索取，并隐藏了更多的意图。我们只是瞥见了某种急迫的匆忙，与其参与进去，倒不如旁观更令人愉快。我们一行人穿过一片杂乱的街区，走过一条又一条街道，绕过一个又一个院落，到处是矮小的房子。穿过这片街区后，我们一路远远地奔向一个位于地势较低、孤零零的小港。这个小港口的生活看上去更为平静。破旧、暗淡的船体抛锚停泊在航道上；潮水从淤泥滩上滑落下来并从入口滔滔不绝的涌出，废弃不用的破船残体杂乱地堆放在一堆泥土里。随着太阳在橙色色斑和扭曲的云环里向西而落，海湾的航道逐渐变窄，海湾的另一端就是一处神秘的海角，海角上生长着大片幽暗的树丛和低洼的、光秃秃的牧草地，一个个灯塔或孤独的航标不时地出现在这里或是那里，偶尔一个小村庄及其聚集在一起的房舍出现在水边，塔、航标和小村庄之间的水面变得更为平静，倒映在水面的蓝天过度成了暗淡的绿色。这幅景致给我留下了深刻的印象，描述起它给人的感受并非易事，更不用说它那神奇的美化作用。这是一种非常真实、清晰的感受，尽管其魅力依赖于这样一个事实：即情感将现实世界推向更远的一个点，摆脱掉了固定的形状和颜色，避开事物之间确实可见的联系，因为这些联系一下子变成了一片半透明的幕布，通过这块幕布人们能够瞥见一个更大的、更美的现实。生活的希望、恐惧、规划、设计还有目的，所有这些具体问题突然一下子变成了生活中的插曲而不是结局。这些问题并没有变成幽灵或者不真实的东西，它们曾经一度只被认为是一种临时的状态，而这些状态所呈现的艰难和严酷遮掩了未来的生活及更广泛的生活的意义。其实，这些具体问题并不是现在才有的，而是在此之前就一直存在的，并且其本身的扩展超越了它们瞬时的冲击和影响。在这样的情况下，一个人忙于做的、说的和表演的一切，其实在人们看来不过是一池深水的涟漪而已。这既不能使生活的日常活动徒劳无益，也不能使之可以避免。这些忙碌的表演只是无形中增添些神秘感，尽管它们看上去似乎是那么急切，那么重要，可是生活中有些东西要比这些更远，更大，更重要，它们才是生活中的真实部分，虽然只是一部分。

根据我自己的经验，充实生活更深层次的奥秘，无论是什么样的奥秘，并不完全意味着快乐，也不都是让人轻松愉快、无忧无虑的事情。依我所见，此时此刻的秘密倒不如说是庄严的、意义深远的、严肃的、困难的、悲哀的。但这不是那种让人觉得沉重或压抑的悲哀——实际上，这种想法马上会让人产生希望，比任何事物都要美丽。这其中充满着安逸、满足和祥和。它是相当强壮和坚定的，尽管同时也是温和的。但是拥有这种温和力量的人在面对甚生活的辛劳和艰苦时，不会认为这些是生活的麻烦，并且真的懂得只有经历过这些才能领悟人生的奥秘。这样的情绪里没有丝毫轻易的、孩子般的幸福。生活里面有幸福，但是古老而又睿智的幸福观能够教会人们学会如何等待，如何为忍受苦难做好充分的准备。这样的生活不会让你感到苦恼和烦躁，不会因为自己没有实现梦想而气恼，没有急躁、没有失望或沮丧。但这并不能证明生活当中平静的极乐，没有任何烦恼——相反，生活所需要的是深沉的、悲哀的、钟情的耐心，而绝不是什么功成名就，欲望的满足。

我一向认为，最能区分人与人之间不同的品质就是识别巨大而未知的事物力量的能力。有些人的天性就能轻松愉快地默认目前的状态，而有些人却感到沮丧，不抱希望，在任何状态下都不会展望未来；有些人无论目前身处何种状态，都百无聊赖；而另外一些人，他们热情地、痛快地投身于目前的状态，运用经验，品味生活，享受生活，他们也会悲伤，也会反感，然而却能超然处之，保持清醒的意识。所谓理想主义者，那是说在他的灵魂深处肯定有什么值得他敬畏、崇拜、爱戴的事物。宗教理想主义者们经常犯下的错误在于他们认为，这种崇拜的感觉只能通过宗教信仰的一些活动才能获得满足，甚至更为狭隘地认为通过教会的或传教士的礼仪或仪式获得。但是也有许多理想主义者，他们认为宗教，及其系统教义和确定的信条，只是一种沉闷的玄学，试图解释并定义无法定义的东西。更有一些理想主义者，他们在对生活高昂的激情和无限热爱中寻觅到了崇拜的感觉、唤醒了自我对不朽力量的意识。对他们来说，人类存在的形式、人类目光里找到的精神恰好象征着他们的奥秘。另外一些人则求助于绘画和音乐等艺术形式来寻找这种感觉，还有些人投入大自然的怀抱，表达着自己对江河湖海、高山林地的喜爱。有的人则寄希望于各种幻觉，以便帮助和唤起人类摆脱卑贱的状态，或者用科学的方法研究大自然神奇的构成成分。崇拜具有数百种形式和能量，但是其重要的一个特点就是对某种巨大的神秘力量的感觉，这种力量能把世界掌控在自己手里——一种可以隐约地领悟，甚至与整个外部世界进行交流的感觉。尽管祷告只是人们为自己或者为世界阐述的愿望。

但实际上它也是这种感觉的一种表现形式。

但是，奥秘的基本部分和重要部分并不是灵魂祈求什么东西，而是希望奥秘向灵魂发出启发的信号，在这里，当我说到落日的余晖闪现，及其金色的港湾，昏暗的波浪，还有它为世界编织的暗淡的面纱，对我自己的灵魂而言，就是一种庄重的仪式，可以影响我所相信的一个虔诚的天主教教徒的群体效应——打开上帝奥秘的线索和符号，这时我只是在记录自己的体验。一个不信仰宗教的人也许旁观过弥撒等一些宗教仪式，可是除了法衣和圣器，迂回行进的步伐和挥动的手臂所形成的戏剧性场面，他什么也没有看到，而信仰者则能意识到神确切的存在。对我来说，落日同样揭示了上帝之美：落日照亮了生命，美化了生命；落日让我可以亲眼所见、神圣地仰望从宇宙的一端到另一端而出现的纯洁的美、无暇的美，召唤我崇敬落日，面对其神圣本质而拜倒在地。事实证明，如果哪个人只是随便地瞭上一眼落日，或者漠然视之，那么这种大自然的神圣就对他没有什么影响力，只能意味着他无法感知上帝的存在。但是对我本人来说，当我一个人独自置身于山川深谷，或者越过广袤的沼泽地，或者穿行在熟悉的小村子，远远地望着西边清澈的天空，那云遮雾盖的天幕或者宁静的空间，落日发出火焰般的光芒逐渐熄灭，还有什么体验能像这样让我完全地、深刻地理解宗教。接着，这片熟悉的土地，我所知道的朴实无华，一整天的能量，这时似乎都聚集在一起，形成了深远而又无言的崇敬，我可以将自己完全信赖地、默默地托付给上帝，接受上帝无尽的赐福，而且处在无声的赞扬和强烈愿望的宁静与和谐之中，这一时刻本身将变成永恒。

第七章

彭格西克的房子

在夏日一个阳光灿烂的日子里，面对着蔚蓝的大海，置身于一大片紫色的田地，空气中散发着金雀花的香味，潺潺溪水的流水声不绝于耳，还有什么能比这样生活更美好呢？

总有这样一些日子——也许这样的日子非同寻常 ——身体与精神异常和谐，所听到的每一个细小的声响，所看到的每一个细微的景象都是那样的清晰，那样别具一格，奇特地触动着我们的感官，散发着强烈的芬芳气息，让我们的精神一下子愉悦起来，就像清凉的井水滋润着干渴的嘴唇。所有的事物似乎都处在恰当的位置，各种感官的和谐以某种经过良好设计的方式巧妙地结合在一起。更为重要的是声音、景象等，让我们情不自禁的将一连串深远的、神秘的想法释放出来，似乎要把生活的奥秘反射到精神层面上——更精确地说，是以一种温柔的、含笑的方式暗示着生活的奥秘，如同母亲面对面地与孩子在一起，惊喜地点头默许孩子急切提出的问题。一月份的一天对我来说就是这样一个日子。我们驱车沿着荒凉的道路从马拉吉昂赶往赫尔斯顿。沿途向海那边望去，一座座废弃的矿井井塔堆满了矿渣，向另一边看，低洼、单调乏味的坡地上是一片片耕地和草地，就像宽阔汹涌的波浪那样涨涨落落，这里或那里不时出现一片野生冷杉树的树皮，如同布罗西利安德的魔林，或者像被一片劲风刮过的、浅黄褐色的白蜡树，随着春天的临近，靠近溪水、生长在幽谷里的一些树有一半变成了紫红色。

这是一个阴冷灰暗的日子，海面上漂浮着一层薄雾，昨天阵风突发的天空已经变成了一层层柔和的珠光闪烁的云彩，如同海浪拍打着海滩上的沙子。所有这些让人耳目一新，无比温柔，那低垂的微暗，就像冬日清晨的微暗，一景一幕像一幅田园风景画伸展开来。

就在这时，在我们右侧的一个小山谷里，我们看到了古老的彭格西克房子——多么冷酷、贫乏、饥渴的名字！——我们沿着一条小路向下走着，只见磨损的燧石从卵石铺成的路面上显露出来，路两边是树莓灌木丛和草皮墙，那里的蕨类植物茂密丛生，星星落落的野地上长着金雀花和锈色的羊齿草，一路向下，最后通向小山村——一个座落着四五个低矮的白房子的小村子。小小的院落，生长着茂盛、光滑的鼠刺，紫色的婆婆纳属植物盛开着鲜花，而艳俗的绿色松叶菊翻过或悬挂在栅栏上。农家院落里矗立着塔式建筑，院子里的小牛凝视着门外，猪在用鼻子拱地觅食，鸡则在泥坑里翻找食物。我从未见过如此微不足道却又这么漂亮的建筑：这是一座有着雉堞式装饰墙的方形大塔楼，配有角楼，竖窗的窗框被海蚀的卵石堵住。整座塔楼是用非常奇特的暗灰色石头建造的，经过风浪的侵蚀，朝向海的那一边的石头变成了最为精美的银灰色。方塔四处爬满了常春藤，就像一桶水被泼洒在石头地面上。在棚穴和墙壁里还存有不多的几处其他建筑遗迹，假山那里堆放着一些经过雕刻的石制品。毫无疑问，这个小农场及其村舍也是在废墟之上建立起来的。

方塔旁有几间空房子，里面装满了农场木材。从塔顶向下望去，你可以看到一条峡谷通向远处，形成长长的一条灰线，还可以看到昏暗的、低垂的悬崖，海浪在那里拍打着峭壁，激起白色的浪花。

我猜想，这个地方确实需要非常坚固的壁垒，因为历史上阿尔及尔和附近的一些海盗经常袭击这一带的海岸。大约1636年，海盗在锡锈群岛外的海域绑架了42名渔民和他们的7条船。这些渔民从此再无音信。来自卢港的80名渔民则在一天之内被海盗相继俘虏。现存的文件证明，康沃尔的法官们曾向爱尔兰总督抱怨，一年当中，康沃尔失去了上千名船员！

但我们还应看到事情的另一方面：这一带沿岸的当地人也并不安分，非常凶悍，多次在海上制造海难，干着掠夺钱财的勾当，随意烧毁被抢夺的船只，杀死幸存的船员。彭格西克与康沃尔地区的其他一些村落一样，也有着类似的恶名。彭格西克村所在的杰莫教区流传的一首古诗歌唱道：

上帝让我们避开暗礁险滩，

让我们从布雷奇人和杰莫人的魔掌里脱险。

还有一个古老的邪恶故事。1526年，葡萄牙圣安德鲁号满载着金银财宝在这里靠岸。船上有数千块铜饼和银饼，还有盘子、珍珠、宝石、手链、胸针、挂毯、绸缎、丝绒，为葡萄牙国王定制的几套盔甲，以及一大箱子金币。

可怜的船员们把大多数财宝搬上了岸，堆叠在悬崖上，而这时彭格西克的约翰·米利顿与圣奥宾和一个姓戈多尔芬的人一起，带领60个手拿武器的人突然来了，抢走了所有的财宝。抱怨声四起，而这三位先生却辩解道，我们骑马赶到这里是为了救这些船员，看到他们非常穷困，还给了他们钱。但是我猜想，从那以后彭格西克的大客厅里就挂上了葡萄牙挂毯，而且挂了好多年。

米利顿家族灭绝之后，他们的土地通过购置和婚姻的方式传到了戈多尔芬后人的手里——如今属于利兹公爵。

也许有人认为，人生在世不应该这么活着，生活在如此危险的环境里。但是他们很有可能并不多去想海盗，只是把女人和孩子留在家里，在悬崖上安排一个家丁监视远处的海面，观察是否有三桅帆船开过来，而更穷的人抓住他们自己的机会。我们如今生活在各种不同的危险当中，但是却很少想到这些危险，任凭日子就这样一天天过去。

塔楼里的生活很简朴，也很辛苦—— 一些人捕鱼狩猎，一些人则在沼泽地里埋设弹簧夹子捕捉山鹬和野兔，更多的人从事农活，吃喝不愁，过着殷实的日子，时而也会举办狂欢活动—— 一种粗鲁的、丰饶的、健康的生活，也许离我们现在的生活并不遥远，尽管我们不太敢相信这样的事实。

但是，如今的老塔对我诉说的却是一些不同的事情，它诉说着已被埋藏的过往。人类灵魂以其短暂的生存时间奇怪地飘浮在世界里，有过爱情，有过悲伤，可是他们对以前发生的事和以后要发生的事，为什么会发生这样的事，他们心甘情愿、盲目服役的最终目标是什么都一无所知，倒真的令人感到悲哀。我对自己说，这里住着一屋子的人，有着与我一样的希望、恐惧和幻想，但是他们当中却没有人，但愿我还记得他们，能够给我任何理由解释我们为什么如此忙碌的生活，不能完整的享受生活给我们带来的快乐和兴奋，却要承受生活的磨难，过着不愉快的日子。在夏日一个阳光灿烂的日子里，面对着蔚蓝的大海，置身于一大片紫色的田地，空气中散发着金雀花的香味，潺潺溪水的流水声不绝于耳，还有什么能比这样生活更美好呢？即使是在昏暗的日子里，阵阵凉风从海上吹来，雨水敲打着窗户，海鸥从我们头顶飞过，宽敞的客房还留有被大火烧过的痕迹，女人们在忙碌着，孩子们在玩耍着，这些迹象足以证明，此处肯定曾经是一个令人愉快的地方。然而，即使对那些最强大的、最勇敢的乡绅们来说，一切都行将结束。拉着棺材的四轮马车晃晃悠悠地穿过石头小巷，杰莫小镇的钟声飘渺地回荡在山坡上。

但我并没有想到这些，因为我内心里埋藏着一种隐秘的乐趣；相反，我想到的是灿烂辉煌的生活奥秘，这似乎遮掩了某些更为优美的事物——高高的、天鹅绒般的天空充满着星尘，阳光明媚的果园里喷涌着泉水，巨大的海浪发出悦耳的、雷鸣般的回声，幽暗的树林后边闪烁着落日那橙色的光芒。所有这一切都是生活的背景。然后就是朋友与朋友进行的精神交流，截获迷惑眼神所闪现的目光，倾听发自内心的喃喃细语。所有这些，以及许许多多其他一些甜美的形象和幻想，如今全都涌入我的脑海，就像黎明时分我观察垂直站立在那里的古老的银灰色方塔，庭院里飘来阵阵芳香，方塔的后边是一片昏暗的沼泽地，一座座小房舍聚集在方塔周边，安静地沉思着……

第八章

村　庄

我很想知道，是否有哪个人能像我这样真挚地、不图回报地喜爱着剑桥附近田园式的几个小村庄。

这些村庄的魅力是什么呢？我说不出来。这是一个奥秘，就像所有美好事物所具有神秘的魅力一样。进一步说来，对这样一个无生命之物而言，它丝毫没有个性，没有个人特征，没有能力回报爱，但你却那么不图回报地在爱它，那么爱情的意义是什么呢？爱情的魅力在于一个人能够领悟对方发出的信号及其内含的精神。“我喜欢你在这里，我相信你，和你在一起我很高兴，我希望能送你什么东西，增添你的乐趣，当然也增加我的乐趣。”

我很想知道，是否有哪个人能像我这样真挚地、不图回报地喜爱着剑桥附近田园式的几个小村庄。在我看来，似乎还没有谁对这些村庄产生什么兴趣，哪怕只是很小的兴趣，或者有兴致去了解这些村庄的独特之处，抑或记住这些村庄的位置。诚然，要想一下子准确无误地区分西斯顿、欣克斯顿、豪克斯顿、哈斯顿、哈尔顿这几个村庄，那真的需要有非常虔诚的爱慕之心；但是对我来说，这几个村庄都具有相当完美的独特品质，会让你的脑海里浮现出一个又一个迷人的庄园景象。谁能恰当地、完整地评价大小埃弗斯顿所拥有的美丽？我不能肯定，除了我和我的一位朋友—— 一个诚实善良的人，剑桥的居民当中似乎也没有谁能做到这一点。其实，以鉴赏家的目光欣赏这些村庄，其乐趣并不比红酒和雪茄鉴赏家所获得的乐趣差多少，只是人们通常不这样认为罢了。

这些村庄的魅力是什么呢？我说不出来。这是一个奥秘，就像所有美好事物所具有神秘的魅力一样；进一步说来，对这样一个无生命之物而言，它丝毫没有个性，没有个人特征，没有能力回报爱，但你却那么不图回报的在爱它，那么爱情的意义是什么呢？爱情的魅力在于一个人能够领悟对方发出的信号及其内含的精神。“我喜欢你在这里，我相信你，和你在一起我很高兴，我希望能送你什么东西，增添你的乐趣，当然也增加我的乐趣。”这样的东西，或类似的东西，正是人们从敢于去爱的人的眼睛、面部表情和身体姿态当中能读到东西的动力所在。不然的话，假如你不能从某种事物当中找到蛛丝马迹，不能察觉出某个人与朋友、同志和情人亲近时的怦然心动，血脉贲张，你就会觉得悲哀、痛苦和孤独。但即便如此，人们也能预想到天下没有不散的筵席，总是会有分手的时候，分享了快乐之后，人们还是会孤独的行走。

于是，有人养起了宠物；不过这是一种非常奇怪的爱，因为人和动物不可能那么透彻的相互理解。狗也许可以成为人类忠实的朋友，在这世上也确实很少有别的动物能像狗那样值得主人信赖，狗真的对主人忠心耿耿，这是种非常奇妙的关系。我想也许还会有人喜欢马，虽然最好的马也是愚蠢的牲口；人们也许会认真地与猫建立友谊，尽管猫并不是那种默默忍受的动物；鸟可以成为供人们嬉戏作乐的小玩伴；而野生动物给人们造成的恐怖印象则是相当可怕的，因为数百年来，野兽象征着残酷的恶事。

人们也许还会以某种渴望爱上艺术作品，例如油画、音乐和雕塑；但我认为，那是因为人们希望在艺术长廊的末端认识和了解人的形象——穿过岁月匆匆离去的形象。但是人们觉得自己可能爱过的这个形象只能存在于特定的时间和地点。

说到喜爱树木花草、山川溪流，城市建筑和乡村田野，我们又该如何来理解这种情愫呢？拿我自己来说，我对附近这些小村庄有着相当独特的感觉。在我看来，有些村庄像是谦恭有礼的人，有些像是迟钝冷漠的人，也有些像是愉快友好的人，后者是我比较喜欢看到的人，我真的希望与那里的人们建立忠诚的朋友关系。我喜欢拜访他们，如果我不能去看望他们，我会想着他们；当我远离他们时，他们的身影时常会浮现在我的脑海里。一想到他们在那里等我，一想到他们在山脚下安的家，一想到苹果园上方飘出的炊烟，我就感到高兴。

三十年前的我还是个大学生，我曾走访过这里，其中有一两个村庄让我非常喜爱。如今当我再次走近这些村庄的时候，我不禁想起了过去的岁月和老朋友们的情谊，这种感觉就像是一股股甘美的、远方飘过来的芬芳。然而，我并不认识住在这些村子里的任何村民，尽管去过多次，我能认出并打招呼的人只有几个。

但是请允许我特别地说一说其中的一个村子。我不想说出这个村子的名字，因为一个人不应该公开自己热爱事物的名称。那个村子都有些什么呢？它位于丘陵地带，背靠着一个不高的山地。村舍散布在一条高低不平的崎岖小巷里，曾经的牧羊场如今早已被开垦成耕地。山地的土壤是灰白的，所以当落日的余晖斜射在地上的时候，新翻过的耕地上留下了淡淡的、奶油般的阴影。那里有两三个用浅灰色砖盖起来的坚固农舍，而紧靠在农舍四周则是棚架子、干草堆、牲口棚和谷仓。我认为，牲口棚的气味及其浓烈的粪便味，还有渗水池发出来的污水味，不可能不让人体的感官觉得舒服，你不会觉得它们污秽不堪，难以忍受，相反却因为它们的存在，你才会觉得你正身处在人与自然和谐统一的乡村里。经过长时间的继承，这气味毫无疑问让人们有了到家的感觉。

另外，那里还有许多灰泥、白墙，参差不齐的村舍，盖得精巧别致，古雅漂亮，大概能有一二百年历史了，毫无疑问，当时的建造还是挺差的，不过现在看上去却很迷人。那里还有一所新式学校，现在看起来粗陋不堪，红砖、石头饰面，倒还算时髦——之所以说它丑陋，那是因为这些建筑材料似乎不是产自本地，而是用火车运到这里的；而且那里还有几处新的黄砖村舍小屋，住在里面也许要比住在老屋舒适得多，但是不会让人有什么更多的兴趣去探寻，也没有什么魅力可言。整个村子的周边是一片片小的田地、果园、围场、牧场，许许多多高大的榆树拔地而起，树梢超过了村舍小屋的屋顶。那里有一个老式而别致的农场，里面修有一条壕沟和一个鸽棚，精美的、古色古香的砖墙周围长着一些被截去树梢的榆树，十分别致，很有特点。另外，那里还有一个很大的教堂，不知道是谁建造的，人们一般不在这里占卜，因为村子里没有什么乡绅，既然这里的农工和牧工能够建造一个观星台，他们不可能建造这样一个教堂。现在看来，没有一万英镑是建造不起来这么大的一个教堂的，但是究竟是谁出的钱，又是谁担当的设计师和建筑师，都没有留下任何文字记载。教堂里有一座精致的塔和一对绝妙的钟；有一些制作良好的铜制品，一个枝形吊灯和一些烛台，角落里还有一个建于18世纪的古墓，盖得很坚固，顶部盖着一大块黑色玄武岩石板，一个饰有纹章的盾牌，一个刻着些奉承话的铭文的墓碑，上面的话也许适用于任何人，也许对谁也不合适。某个特别的老绅士为什么想要长眠在这里，或者谁会愿意花费那么多钱把死者安葬在这里，没有人知晓，而且我觉得除了我之外不会有谁关心这样的事儿。

教堂里还保留一些老式的窗户，就是那种花饰窗格的玻璃窗，足以说明那时有人喜爱华丽漂亮的东西，而且还有人付出了足够的精力照看这些窗户。教堂旁边就是教区长的管区，几百年来剑桥某个学院的研究生们居住在这里。我猜想他们没有花太多的时间住在这儿。他们也许会在星期天来参加两次礼拜活动，其间吃上一顿冷餐。也许他们会去看望本教区教堂患病的礼拜者，甚至还会在周末过来参加婚礼或者葬礼。而且我敢说，到了夏季学院没人时，他们会来住上几个星期，只是他们也许会觉得这里相当乏味，所以还是渴望回到温暖的师生公共休息室和学院的避风港去，在那里听听小道传闻和轰动事件。

我想，能够描述的东西也就是这些了。那么，这里到底有什么值得人喜爱的呢？

这里只是地球上很小的一片土地，但是我敢说，人类的生活在这里已经进行了上千年。整个地区的样子经过人类的爱戴、呵护及其辛勤的劳动而慢慢成形。一开始的时候，这里也许没有什么，或许只有几间简陋的小屋和茅舍，还有毛石砌成的小教堂。后来，房子盖得大了些，也好了些。也许在黑死病流行期间这里又成了人烟稀少的地区，因为那场大灾难夺去了这一带很多人的生命。牧羊人、农夫、投机者、挖沟工，食品杂货店老板，还有牧师——这些人形成的村镇已有了上千年的历史。他们是群很有忍耐力、愚昧、没有什么想象力的人，过着顺其自然的简朴生活。相互之间并不那么关心，没有受过什么教育，喜欢闲聊，传播流言蜚语，行为粗野，而且非常迷信，但令人感到惊奇的是，他们却能突然间焕发出爱的激情，更令人惊奇是，他们享受着做父母的乐趣：看着大大小小的孩子一年年成长，漂亮可爱、迷人、每天打闹弄得脏兮兮的、有趣好玩、淘气顽皮，渐渐地孩子们一个跟着一个步入迟钝无趣、严肃冷静的年龄，接着开始变得衰老，最终走进教堂墓地！

想到这些，我便意识到了现实生活的美所包含的悲伤、神秘和美丽。我想知道所有这些人们是谁，他们都长什么样，他们关心什么，他们在想着什么，他们如何与疼痛和死亡谈判妥协，他们希望的是什么，期待的是什么，恐惧的又是什么，他们身上都发生了哪些事儿。他们当中的每个人都像我本人一样活着，紧迫的、热情的、兴致勃勃的。而且他们当中似乎没有哪个人想过他们是如何来到这儿的，或者他们将要去往哪里——庞大的、无助的、本性敦厚的、顺从的人群，男人和女人。他们就像源源不断的溪水倾泻而出，流淌向世界各地，在人生的旅途上奔波着、忙碌着，不时地改变自己的行程。毫无疑问，当阳光洒向苹果园，空气中飘散着果香，蜜蜂在花丛中飞来飞去，人们相互微笑着，寒暄几句亲切却没有什么实际意义的话语时，那一瞬间他们高兴地活着。毫无疑问，当他们痛苦地躺在不通风的阁楼上，夜里听着外面呼呼的风声，盼望着自己的身体能够康复，他们自然会忧心忡忡。当然还有一些重大活动和宴请款待的事，例如礼拜天聚餐，参加婚礼，乘农场马车去剑桥城里逛逛，看望嫁在附近村镇的姐妹等等。在我看来，他们并不了解或者关心世界上正在发生的事情。战争和政治对他们来说没有太大的影响。他们也许更关心天气，更关心自己的工作，他们喜欢礼拜天休假—— 一切都是那么平淡和简单，没有要表达的思想，没有要说出来的感情，几句短小精悍的词语就可以概述自己的经验。然而，我愿意认为他们对这个地方的外观感到满意，虽然不知道是什么原因。我不想就所有这些状态欺骗自己，也不打算把这里说成是一片田园风光，世外桃源。确切地讲，我不希望自己也如此活着，而且我也认为这里的人们粗俗、贪婪、迟钝、丑陋，且有好多庸俗的想法。但是，尽管我能够用优美的思想审视这里，把我的思想写成音乐般的篇章，说实话，我不相信我的生活、我的希望、我的感受与这里的老人们的体验会有多么大的差别。

不错，我有藏书，我有名画，我有聪明的想象力和奇思妙想。但这只是我煞费苦心玩耍的游戏，是我所关注的和识别出的东西罢了。我期待古老的心脏和头脑仍然还在工作，留意、观察并记录，而我所有炫耀式的讲话和思想表达都是表面浮浅的东西。

我想知道是什么圣化和照亮了这个小地方？是什么让这里

焕发出金色的光泽，使这里成为感人至深、无比美丽的地方？如果想到了这里所有奇怪的、无意识的生活，爱与恨，恐惧和满足，欢乐和悲伤，而且这一切早在我出生之前就在茅草屋顶的房舍和果园之间起起落落地反复出现，这样的演变在我化作泥土之后还会继续，那就不难找到答案了。

三十年前，我与一位朋友（他现在早已过世）到乡下考察时第一次来到这里。我可以肯定，正是上述那些相同的想法让我们都觉得这是个充满魅力的地方。那时我还没有能力用文字把这里的美写出来；我也正是从那时起开始尝试学习用笔来记叙生活中的美，使用文字对生活进行生动的描绘是种令人非常愉快的消遣。时值盛夏，骄阳似火，天气炎热，——我至今还记得田野里飘荡的三叶草的花香——就是在这里我蓦然觉得自己的心灵得到了净化和滋润，并开始思考，这里温暖的气息，满山坡的绿树，吃草的牛羊，学步的娃娃，所有这些意味着什么呢？或者说这里为什么充满着祥和快乐呢？这不是一种宗教感觉，但是你却能感受到一种伟大的、和蔼可亲的，爱美的精神和意愿所引领——这种精神与我们内在精神的需求很相像，即使这样的精神也会有阴影——痛苦和忧伤，还有虚伪的别离。

那时，我还不是一个知足常乐的男人，这之前的经历让我懂得未来的生活可能是艰难而又复杂的，所以无论是在心智上还是在心灵上仍有很多问题困扰着我。那时世界对我来说还是比较美好的，尽管不像现在我觉得那样有趣；但那时我就与现在有着相同的愿望，虽然这个愿望至今仍没有得到满足。我的愿望就是找到某种强壮的、安全的和永恒的东西，完完全全可以信任，可以理解、可以宽慰、可以解释和可以让我安心的东西，一种人们能够用双手紧握的力量，那感觉如同孩子把纤嫩的手指放在强壮的、张开的手掌上，再也不会有什么疑虑。这是一个人的弱点，这个弱点是那么令人厌倦、令人垂头丧气。然而，我却根本不想要那种无忧无虑、漠不关心、野蛮的和健康的力量。我想要的是爱的力量和平静的力量，不必惧怕什么，不必为什么事感到困扰。我从不怀疑，所有这些必定存在于这个世界的某个地方。

而现在，哈，我终于找到了可以感受到这种力量的地方了！

那天，我一直在这个村子里流连忘返，直到太阳开始西下。金色的光线从庞大的，堆积起来的乌云底下喷薄而出——我的保姆曾告诉我这是长长的光线在吸收空气中的水分，但是我却相信这是上帝的眼睛在眨眼。树木还没有长出树叶，榆树芽是红的，柳树枝也在春风中显露出深红色；清澈的小溪汩汩地从山上流下；农家小院的树上长满了向上舒展的叶子；欧瑞香盛开着火红的花朵。生活运转、暂停，继而奔腾地跑过去了！我好困惑。当我走过大门，一旦我看到哪一天的黎明，我就会情不自禁地觉得自己真的很想再去看一看我的小村庄，沿着村子里的小路闲庭信步，观赏那里的农家房舍。现在的我比那个时候的我更聪明了吗？我在那里的所见所闻能否让我忧虑的心情放松下来？谁能告诉我？然而，蓝天之下那扭曲的老苹果树，新长出的青草似乎都在保持秘密。三十年前漫游在原野上这个小村庄时，我就很想弄清这个秘密，并想把它变成我心灵得以平静的秘密。

第九章

梦

关于梦，让我感到费解的似乎是这样两点：首先，梦境的绝大部分是视觉印象；其次，尽管梦都是自我发明、自我产生的，梦还是谋划用奇妙的情感和意想不到的鲜活场面冲击着我们的头脑。现在我们就稍微详细地说说这两点。

现如今，一些研究思维规律的哲学家们发起了一场运动，他们把重点放在对梦这一现象的解释上；究竟我们大脑的哪一部分在扮演着如此奇特的、强烈的和鲜明的角色，而且还对普通动机和惯例不予理睬？就像我们在日常生活中碰到过的许多其他事情，梦对我们来说太熟悉了，所以我们全然忘记了对梦的不可思议的绝妙感到诧异。关于梦，让我感到费解的似乎是这样两点：首先，梦境的绝大部分是视觉印象；其次，尽管梦都是自我发明、自我产生的，梦还是谋划用奇妙的情感和意想不到的鲜活场面冲击着我们的头脑。现在我们就稍微详细地说说这两点。

当我们从梦中醒来，如果对梦到的情景记忆犹新，梦中的某种场景通常就会给我们留下印象，而这样的印象主要是通过眼睛来接收的。不同的人会有不同的梦境，拿我自己的梦来说，通常可以相当清楚地分成几种类别。在最常做的梦里，我往往是在默默地观赏难以形容的美景，例如我在梦中看见一条像宝石湛蓝的大河，浩浩荡荡地从巨大的砂岩峭壁之间顺势而下；或者我身处树木繁茂的小山里，浓密的树丛盛开着鲜花；抑或我看到林地上出现了宏伟的建筑群，伴着刻有石雕的门脸和高耸的塔。这些梦很奇特，让我备感振奋、开心和刺激。从这样的梦里醒来，我总能对美和奇迹产生一种不同寻常的感觉；要不然就是我透过窗户或阳台看到某种隆重的仪式，其程序令人感到费解，一大群服饰华贵的人们要么步行，要么骑马或坐车列队行进，或者看到某个用柱子支撑的昏暗的屋内正在举行宗教典礼的场面。所有这样的梦都是寂然无声地演绎着。我弄不清楚自己在哪儿，正在经历什么，我又急于想知道什么。没有人大声说话，我身边也没有能可以交谈的人。

此外，我还做过另外一种梦，主要内容是愉快而又生动的谈话。在梦中我与罗马主教和俄国沙皇这样一些大人物推心置腹地长谈。他们向我请教，他们引用我书里的论述，而我惊奇地发现他们是那么和蔼可亲、平易近人。又或者我身处一个陌生的房子里，与一些我并不认识的人聚会，客人们一个接着一个走到我面前，向我讲述各种各样趣事的真相和细节。另外我还常常做这样的梦，在梦里遇见了一些早已死去的人。例如，我经常梦到自己的父亲。在一个火车站我们父子偶然相遇，我们都暗自庆幸这次愉快的不期而遇。父亲抓着我的胳膊，微笑地、宽厚地说着什么。但当我开始感到困惑，最近怎么很少见到父亲，往往在问他去了什么地方，怎么这么久不曾相见时，我就会从梦中醒来，意识到父亲早已逝去。这是我与父亲梦中相见的唯一途径。偶尔我还会在梦中听到音乐。我记得很清楚，自己听到了四位音乐家用银笛等几样小乐器演奏四重奏，曲调甜美流畅，但是最令我兴奋异常的梦还是在梦中可以与人亲密交谈或者游览风景。

在我还是孩子的时候，我经常反复做着一个同样的梦。当时我家住在林肯郡一个叫钱斯里的老宅子里。这个地方很大，漫无边际，有着某种有趣的中世纪建筑的特征，例如螺旋式石头楼梯，都铎式木制屏风，镶嵌在墙上，以前是这所房子小教堂的摆设。此外，那里还有一些相当莫名其妙的空间，向外延伸的通道长度与房子内一些房间的大小很不相称。这种格局极大地刺激了我们孩子的想象力，也许这也是我梦的起源吧。

这样的梦总是以相同的方式开始的。我似乎准备走下通往大厅的楼梯。当我踩住某块木板楼梯时，总会觉得这块木板发出咯吱咯吱声。经过检查，我确定木板装配着铰链，于是就我找到铰链打开它，结果楼梯的一端出现，一直通向地下。你听我说，尽管我时常反复地做着这个梦，可每次还是会感到震惊，以为自己有了什么新的发现。我通常让身子从开口处挤进去，然后随手关上木板，顺着楼梯走下去；四周的环境昏暗混浊，因为用的是人造光线照明，奇怪的是我从未找到过光源。下到了底部，我看到一个很大的拱形屋顶的房间，非常宽敞，过道长长的，里面的畜栏都安装着铁栅栏，这里好像是个马厩或者牛棚。畜栏里养着狗、老虎和狮子等动物。它们很温顺，看到我也显得很高兴。我总是走进一个又一个畜栏，给它们喂食，和它们一块儿玩，我玩得很开心。我在那儿从未见过任何管理员，我也从来没有去想这些动物怎么到这儿的，是属于谁的。我一般会在自己的这个小动物园里玩很长时间才会离开；对我来说，似乎唯一重要的是不能让人发现我要离开这儿。我总是小心地举起那块木板阶梯，确信周围没有人；一般情况下，在梦里总是有个人从我头顶上的楼梯走下来；这时我就等待着，蹲伏着身子，心里则在感受着冒险所带来的那种兴奋。等那个人走过去，我才小心地溜出来。后来这个梦变得熟悉起来，所以每当上床睡觉时，我总是希望自己还能在梦中见到那些狗、老虎和狮子；但我常常感到失望，因为在梦里我梦到的都是别的东西。这样的梦并不是有规律地出现，可以说一年也就有一两次吧，不会更多；但是令我惊异的事实在于，这样的梦总是伴随着相同的愉悦感和奇妙感而出现，等我真的想到了，我从来没有意识到我以前从未真的见过梦境里的东西。

我注意到，另一种反复做的梦往往是在我患病长期休息期间出现，那期间我会到另一个地方写作；这时候的梦总是令我愉快和开心；只是我经常会在梦中见到深奥的黑色。有时是身披黑斗篷的人，有时是一扇门，门后是深不可测的黑色空间，有时是一只黑鸟，例如渡鸦或者乌鸦；不过出现次数最多的是一个黑色小盒子，放在桌子上，看不出有盖子，也不知道如何才能打开。我总是把盒子拿在手里，觉得盒子很沉；做梦之前和梦醒之后，我从来没有感受到如此强烈的黑色，这种状况太明显啦，不太可能仅仅是个巧合；我毫不怀疑，这是我身体状况一种潜在的暗示，肯定有一定的身体原因。确实如此，即使醒着的时候，我也能意识到黑色物体的存在，虽然不能清楚地看到，却模糊地存在于我的视觉细胞里。身体康复之后，这种情况再也没有出现在我的身上，我也没有再梦到黑色的物体。

上述的梦比较有连贯性；还有一种类型的梦，呈现的是模糊的焦虑特征，比如一次又一次地试图赶上火车，或者急切地想按时赴约或参加某个社交活动，充满了仓促和惊慌。或者有时梦到自己因莫须有的罪名被判处死刑，而且行刑的时间即将来临；不久前的某个晚上我在梦中遇到了相同的情况。我与政府不同的官员面谈，试图找出判我有罪的理由，但是没有用；他们谁也不能具体地向我说明案情，只是礼貌地向我表示同情，说有必要杀一儆百。埃劳德·乔治对我说："毫无疑问，会做出实质性的审判！"我说："可对我来说没有安慰作用。""不，"他亲切地说，"即使你得到了更大的安慰又有什么用！"

不过，除了所有这些梦之外，一场栩栩如生的梦之后往往会说明这样一个事实：即一个人记忆里所装满的各种事物形成的画面经常要比真实生活所看到的景象更清晰，真的，你可以看得更清楚。我能比较清楚地回忆起某些在梦中看到的风景，完全胜过我目睹的许多景色；这种情况让我感到非常不解，怎么会有如此的效果，记忆如何能够储存似乎是视觉印象之类的东西，大概所利用的是视觉神经的反射作用吧？

接下来我们谈谈第二点，即梦所激发出来的强烈情感。真的，看起来似乎一定有两个可区分开来的个性在起作用，两者之间没有任何联系，一个无意识地在创造，另一个则在有意识地观察。不久前，我梦见自己正在赖斯霍尔姆的一个湖边漫步。这个地方以前曾经是林肯郡主教们的宅邸，小的时候我经常到这里玩。我见到湖面有些下沉，湖畔是用鹅卵石铺成的一条长长的湖堤，我在湖堤上散步。远处湖堤上有个什么东西露了出来，我赶过去一看，是一个奇特的金属杯子的杯底。我把杯子拽了出来，结果发现自己竟然找到了一个金质的圣餐杯，很大，由于年代久远，又经过风吹雨打，杯子已经多少失去了光泽。接着，我又在湖堤上发现了一些杯子、圣餐盘、蜡烛架和酒壶，都是古董啊，非常精美。这时我记起来，小的时候曾经听说过(这当然完全是想象出来的)，在林肯郡曾发生过一起盗窃大教堂圣餐盘大案，而一个主教则被怀疑与此案有牵连；我当即明白了，我碰巧找到了赃物的埋藏地，毫无疑问是那个主教用罪恶的双手藏在这里的——我甚至回忆起了那个有嫌疑主教的名字。

现在作为一个事实，我头脑的一部分肯定预先编造了一个故事，而头脑的另一个部分则惊讶而又兴奋地领会和理解了这个故事。然而头脑负责观察的部分完全没有意识到，这个故事的初始俑者是我自己本人。唯有自然推理似乎可以说明，存在于我头脑里的二维性发挥着作用。

这是因为，当一个人在清醒的时候，会觉得自己是在虚构和控制事件。在梦里，这种掌控权则完全消失：你似乎没有力量控制大脑富有创造力的部分，你只能无助地跟着走，并对其创造力感到惊讶。然而，有时候，如果梦到非常悲痛的事，而你开始要醒了，似乎就会有第三者介入，并明确地告诉你，这只是一个梦而已。这个第三者的出现也许会让故事的发明者仓皇失措，然后迅速离开，由此使胆小羞怯、惊恐不安的观察者顿时松了一口气。这样看来，理性自我重申本身，而两个个性，一个在创造，一个在观察，相互紧跟着出现。

还有一种非常奇特的梦，这样的梦很少与目前生活的所见所闻有多大的关系。就像我已经说过，我做的梦大多与风景、仪式、谈话的场景有关，以及与令人激动的冒险经历、稀里糊涂的约会联系在一起。当学校校长时，我极少梦到学校；可自从我不当校长了，我却时常梦到自己在学校里工作，例如努力维持大班课堂教学秩序，或者是匆忙的寻找我的教学文件。在我长期患病期间，大概有两年的时间，我总是做一些心情愉悦的梦而非沉闷的梦。可是等康复之后，我却总是无缘无故在梦中见到许多令人忧郁的事。在我看来，能把自己的梦与最近发生的什么事联系到一起，是很少见的。我不能说美妙的风景、宏伟壮观的仪式、与达官显贵的交谈、令人激动的偶发事件在我的生活里起到了相当大的作用，然而，这些却是我梦的组成要素。心理学专业的学生说，梦的主要素材似乎是早期生活经历的提炼；当他们诊治心理疾病时，他们说通过研究病态大脑所做的梦常常就能解释错觉和强迫症，这样一来通常就能证明要么是愿望没有得到满足，要么是童年时神经受到了严重的刺激。但是在我自己精心制作的幻象里，我却识别不出有什么起主导作用的原因，唯一能让我做梦的身体原因似乎就是我躺在床上睡觉时感到太冷或者太热。夜里气温的突然变化似乎完全可以肯定让我做了大量的梦。

关于我的梦，还有一个非常奇特的情况，那就是在梦中我完全丧失了道德观念。梦里我曾偷过自己感兴趣的东西，曾经没有任何充分的理由杀人，但是我却毫无同情之心和悔过之意，只是焦急地设法掩人耳目，逃避侦探的追捕。在梦里我也从没有什么负罪感或羞耻感。我发现自己真的很担心，不过我总能找到许多应急的办法，毫发未损地逃掉了。此外，某些情感因素在我的梦里也很活跃。我有时似乎是和哥哥或姐姐一起在房间里或院子里玩，而醒来时却发现这完全是我的想象，我能回想起我童年时代的伙伴，以及在那里发生的各种各样令我感伤或愉快的事儿。

尽管生活中的大部分时间我都用来写作，我却发现自己很少在梦里写出了什么东西。有一次，我在睡觉时写下了一首诗，一种奇特的伊丽莎白抒情诗，题目是“凤凰”（你也许能在《牛津诗选》读到）。在此之前和之后，我都从来没有写过类似的东西。事情发生在1891年我生日的前一天晚上，当时我和一位朋友住在威斯特摩兰郡的一家旅馆里。梦醒时我把诗句匆匆地写了下来。事后我又对这首诗做了一点补充，因为我觉得不够完整。我把这首抒情诗编入我的一个诗集发表了，并向一个朋友出示了证据，朋友却指着补充的一节诗对我说：“哎呀，你一定遗漏了什么——你增加的这节诗与整首诗完全不一致！”

不过这是一个独特的经历，除此之外，我曾在梦中出席了一次施坚信礼的宗教仪式。梦醒之后我记起了在仪式上吟诵的一首非常奇异的赞美诗，可是这首诗太怪异了，我无法写下来。这首赞美诗，原封未动的，原本是献给主持仪式的主教。然而，梦里的我似乎也被这首诗打动，觉得好像是唱给我听的。

在睡觉时，我偶尔也会被某种巨响突然惊醒，每逢遇到这样的情况时我就会从梦境里醒过来，但是栩栩如生的梦给我的强烈感受我是无法了解的，没有什么能与之相比。有人说睡觉爱做梦会使人萎靡不振，但是这一点在我的经历里却不是这样，可以说完全是另外一回事。对我来说，睡得实沉，通常就是我身体状态不佳的迹象。如果我做了许多愉快有趣的梦，我一般就会觉得身心愉悦，神清气爽，就像一个人得到了充分的休息，或者在坐客期间得到了很好的款待一样。

这些只是一些散乱的个人经历，从哲学上讲，我没有什么梦的理论可以提出。从我的情况看，这是一种遗传的力量。我的父亲就是我所遇见过的最生动、最固执的做梦人，他的梦具有很高的质量，总是那么出人意料，生动有趣，我不知道还有谁的梦能与我父亲的梦相比。我父亲的梦，最非凡的、最有创造力的，也是我从来没有听说过的，要算是他在梦中找到了提图斯·欧茨的马的墓地（我曾在父亲的传记里讲述过此事），因为在谈话开始之前他并没有意识到那块石板到底是什么。

父亲梦到，他与斯坦利院长站在西敏寺里，看着一块有裂痕的石板，那上面刻有一些字母。斯坦利说："我们找到了。""是的，"我的父亲说，"那么你如何对此作出解释？""什么？"斯坦利说，"我认为立碑纪念一匹清白无辜的马就是想说明这样一个事实，主人的恶劣行径并不会影响到他骑的马。""当然！"我的父亲说，仍然没有完全意识到墓碑上的题铭指的是谁。我父亲在石板上看到了 TIT CAPITANI 这样一些字母，知道这块石板是为提图斯·欧茨的马而立的墓碑，而完整的碑文一定是 EQUUS TITI CAPITANI（提图斯上尉之马），——"上尉"这个军衔让我父亲回想起，提图斯·欧茨曾经当过民兵团的上尉。

我唯一真正称得上非凡而显示了我异常的预感能力或者说洞察力的梦，是 1914 年 12 月里做的一个梦，因为梦中所发生的事不能仅仅解释为一个巧合。

1914 年 12 月 8 日这天夜里，我梦见自己走在一条乡间小路上，路的两旁栽种着树篱。路的左侧有一个花园，花园里矗立着一幢房子。我正打算去那里探访，去看望我的一个老朋友阿迪·布朗小姐，她已经去世好几年了，但是在梦里我以为她仍然活着。

在我前边走着四个人，前行的方向与我一致，我就紧走了几步赶上了他们。那四个人中有一个年纪大一些的，另一个则年轻些，红头发，步伐轻盈，穿着灯笼裤，还有就是两个男孩，我估摸着是那个红头发男人的儿子。我认出了那个岁数大的人，似乎是我的一个朋友，只是我现在不记得他是谁了。他笑着朝我点点头，我便加入了他们的行列。我刚入伙，年轻一点的男人就说道："我想去看望一位太太，我的表姐，她就住这里！"他对身边的人说，不是对我说，不过我意识到他所说的那个表姐就是阿迪·布朗小姐。年纪大一些的人对我说："我来给你们介绍，"说着就把那个年轻男人向我引见。他说："这是拉德斯托克勋爵！"我们握了握手。我说："知道吗，我感到非常吃惊，我原以为拉德斯托克勋爵是一个上了年纪的人！"

我并不记得这个梦更多的内容，但是梦里的情景一直非常鲜明生动，所以当我回忆时，我总能在脑海里重温这个梦。几分钟后，12 月 9 日的《泰晤士报》被送到我的卧室，打开一看，上面发布了拉德斯托克突然死亡的消息。我一直不知道他在患病，而且真的好几年从未想到过这个人。但是奇怪的是，他是阿迪·布朗的表弟，阿迪·布朗倒是曾经给我讲了一些有关她表弟的趣闻，自从她去世之后，我想我没有再听谁提到过拉德斯托克这个名字，而且我从来就没有见过他。所以，事实上在我做这个梦时，老拉德斯托克已经死了，而他的儿子，54 岁的小拉德斯托克则继承了爵位。我应当说，我在梦中见到的那个人年龄不超过 45 岁，但是我对这个人没有什么印象，只记得好像长着红头发。

我没有订阅报纸，但是我不认为报纸上发布过拉德斯托克前一天患病住院的消息。实际上，他的死似乎是相当突然，出乎人们的意料。如果说不是巧合，那么合理的解释也许就是我的头脑里存在着某种心灵感应，也就是说我与亲爱的老朋友阿迪·布朗小姐心灵相通，因为她确实经常出现在我的脑海里，而且你也许不得不假定她的心灵同样意识到了表弟拉德斯托克勋爵的死亡。我并不是说这是唯一的解释，但在我看来，这还算是一个重要的神秘事件。

我的结论，尽管不怎么好，那就是理性和道德能力在梦中处于悬而不决的状态，而且这完全是一个人本质的原始部分在发挥着作用。创造力似乎非常强大，充满活力，可以将记忆中的各种素材捏合在一起或者大肆夸张。但是创造力所涉及的主要是相当天真幼稚的情感、形状与颜色、令人印象深刻的名人或要人、激动人心的非凡事件、一波三折的冒险经历等。例如，在赶火车的梦里，我从来不知道自己到底要去哪里，我此行的目的是什么。梦到仪式场面，我很少注意到那里正在庆祝什么。

我丝毫不能理解的是完全有意识地回避头脑的发明部分，尤其在观察部分是那么急切的、警觉地意识到正在发生的一切的时候。此外，还有一个让我弄不懂的就是，为什么梦中鲜活的场景会在你醒来之后迅速消失，其奇怪的方式是什么呢？如果你能在醒来的时候，凭记忆重新排练一下梦中所见到的情景，发现梦境会变得面目全非。如果你不抓紧回顾梦到的东西，梦中情景就会迅速淡出，而且，尽管你对自己在梦中丰富的冒险经历还有一些模糊的感受，一两个小时之后，似乎没有什么力量能使你复原自己所做的梦。梦醒的时候，我根本不能构思或想象出我在梦中所见到的奇异美景。我可以非常清楚地回忆起实际的风景，但我在幻象中看到的风景，其鲜明的色彩和奇妙的形态完全超出了我的思索能力。

最为奇怪的是，梦里的发明力似乎有一个范围和强度，而你在醒着的时候这样的范围和强度却并不存在。

最后一点要说的是，我做过的梦从来就不具有什么真实或重大的意义，也没有在梦中受到过警告或者产生什么预感，更不用说做过与生活问题有关的梦，哪怕是在最小的程度上。

但丁的《炼狱篇》里有一段美丽的诗句，描述的是黎明。他写道：

> 那个时候
> 黎明将至，燕子悲哀地歌唱，
> 偶然地记忆古老的悲伤，更新；
> 而我们的头脑，更多的来自肉体的漫游者
> 更少地带着受限制的思想，可以说是，
> 在他们的梦里充满了神圣的预测。

我想，象征性地解释一个人的梦是有可能的。但是以我的经历为例，我所做过的所有的梦似乎完全属于我本身之外的另一个我，这个我是一个快快乐乐、无忧无虑、天真幼稚的人，充满着生气和好奇心，富有活力、无所顾忌，无论是展望未来还是回顾过去都觉得心满意足，不必负什么责任或具备多么大的智慧，只是享受着运动的快乐，完全是无害的、友好的，总

体来说，就是那种追求享乐的人。这丝毫不是我醒着状态下的性情，这种状态和感觉有时候让我心里不安起来，而且这比我了解的更像是我本人。

第十章

幽灵访客

我坚信有通灵术或者心灵感应。我认为我们的思想总是会受到其他人思想的影响，无论是有意识的还是无意识的。在我看来思想产生于精神媒介，在很大程度上会有交错和转移的情况。虽然我从来没有就此做过任何确切的实验，但是我常常有证据表明我的思想受到了朋友们的影响。这种相互的影响，就像是两根电线以某种方式相互缠绕，整体的思维方式是那样难以理解，很难说清是在什么样的条件下形成的。

我打算努力把一种非常奇特、非常难以捉摸的经历写出来，这个经历可不是偶尔发生在我身上的。我说不清是什么时候开始的，不过我第一次意识到这个经历大概是在四年前。

这个经历出现的形式是脑海里产生的幻觉，转瞬即逝，虽然不那么清晰，但还不至于和其他场景混淆。幻觉中我看到了两个人，一对夫妇，他们住在某个地方一处新盖的大宅子里。看上去，丈夫是个大约四十岁的男子，妻子比他稍微年轻些，他们没有孩子。丈夫活泼好动，身体结实，长着一头浓密、金色的鬈发和一样显眼的浓密的胡须。他的双手形态俊美、干净好看，而且看上去强劲有力。我遇见他的时候，他穿着粗糙破旧的衣服，衣服的布料用的是淡色的手织粗布。他的妻子皮肤白皙，人长得很漂亮，一头棕色的头发。穿的嘛，在我看来，简朴却又相当的别致。他们是非常正直的人，心灵富有，而且很有修养和品位。他们喜欢音乐、绘画和读书。丈夫没有职业。他们生活在辽阔的、树木繁茂的环境里，我觉得那是苏塞克斯郡的一个什么地方。就像我在前面说过的，他们的房子是新盖好的，砖木结构，抹着白灰泥，贴着瓷砖，门窗上方多配有三角形饰物或图案；有两个房间的窗户很大，开得很低，是那种弓形窗，是那种宽大的、饰有辐射状窗条的凸肚窗，加上铅条花饰的窗顶，让这所大宅子格外的引人瞩目。整座宅子坐落在一片高低上，占地能有几英亩，很像某个大户人家的私人花园或是领地，种着很多树，宅子外还有一个开放式的小围场，里面长着大片的青草。宅子门前有条小路一直延伸到大路上，你可以开车子进去，大门口有两个砖砌的门柱，大门是白色的。宅子右侧的树丛中隐约闪现着马厩的塔式天窗。宅子的前面是一块错落的园子，园子里种满了各式花草，园子的前面是一道低矮的砖墙，将园子与外边的田地隔开。我能看清的只是宅子和宅子周围，但看不清里面的人。

从外面看，除了一个房间之外，宅子里其他房间的内部摆设都模模糊糊。我不知道房子的前门在哪儿，也没有看到楼上的房间。我看到的唯一的这个房间很大，从外边的大路上望去，位于宅子的右侧。它又大又低，墙上贴着白色的壁纸，地面铺的是镶木细工地板，应该是设计用来做音乐房的。房间里有一台大钢琴，让人看得最清楚的是屋子里藏的许多书，它们被摆放在窗下几个低矮的白色书架上，每个书架有三层格子。我觉得这样摆放不太合理，因为取书很不方便，要想拿到书就得弯下腰去，看来宅子的主人在这个房间里度过了很多美好的阅读时光。房间里还有几把矮扶手椅，上面盖着亮丽、白底儿的印度印花布。墙上挂着好多幅画，我看不清楚画面，我猜应该是些水彩画吧。遮阳的窗帘别具一格，明亮的蓝色与矮扶手椅上的花布相应成趣。凸肚窗的下方环绕这低矮的窗台，坐垫同样是与室内风格和谐一致的蓝色。但是在这个房间里我只看到了夫妻二人，而且他们总是除了他们，形影不离。我似乎从来没有在这个房间看到过别的什么人。他们总是保持着某种姿势，最常见的是他们一起站在窗前向外眺望，妻子总是亲昵地用手挽住丈夫的胳膊。窗户应该是朝西的，因为我看到那是日落的方向。

不管我正在干什么，这个幻象简直就像一幅画时常会在我的脑海里闪现。有时这幻象一个星期能出现好几次，有时好几个星期也见不到一次。幻象出现的时候，我马上就能认出这个宅子，但我看不清夫妻俩的样子，因为我看不到他们的表情或体形特征，可不知道为什么却能看到他妻子脸颊上的红润和女人那优美的轮廓。

根据我的经验，在真实生活里，无论是这宅子还是这对夫妻，我从来就没有见过；然而我却能强烈地感觉到，这是一座真实存在的宅子，人也是真实的。对我来说，这似乎不是幻象，因为一切都是那么逼真、准确。我觉得眼前的情形也不是我见过景象的结合。最令我好奇的是，一些幻象绝对清晰可见——

我甚至能看清宅子外平滑的灰泥墙，屋内的橡木房梁，而且我还能看出那男人衣服的布料和他的发色。可无论我怎么努力地回想，还是记不清在幻象中其他详细情景，这些东西好像都笼罩在某种薄雾里，我无法看清。正是这点让我确信这所宅子的真实性，让我相信这一切并不是我的想象。如果是想象的话，我本可以延伸想象我看见的景象，可以想象到那些我看不清的空间里的情景，但我却做不到。例如，音乐室里有一道门，有时候是敞开的，但是我却看不到音乐室外的门厅和通向音乐室的过道。而且，即使我能绝对清楚地回忆起那个场景，我却不能唤起对那对夫妇的幻景。在看书或者写作的时候，突然间我的脑海里就会浮现出草地上的这座宅子，或者我滞留在音乐房里，而那对夫妇则肩并肩的站在窗前。

眼前实实在在的景象强烈地冲击着我的视觉。如果他们能读到这本书，我一定会请他们和我聊聊。我对他们的过去一无所知，但是我却能清晰地了解他们的特性。他们没有孩子，这也许是个遗憾，却也有助于他们把各自的爱情倾注在对方身上。丈夫是一个安静的人，少有矫揉造作，在生活中从不装模作样，只是按自己喜欢的方式生活着。他没有野心，淡泊名利，也没觉得欠谁的，需要负什么责任。你在他身上找不到那种目中无人、冷漠高傲的感觉——他总是那样和蔼可亲、温文尔雅。他是一位知识渊博的人，很有素质，思维敏捷。妻子的艺术修养虽然比他逊色一些，但同样具有非常高雅的品位，有她自己的自然喜好和评判标准。然而，她对这些东西本身并不太关心，因为有丈夫照看着哪，可我认为她并不知道这一点。他们的身体总是那么健康，我看不出他们有任何的烦恼。我强烈地感觉到了他们夫妇那完美自然的高尚情操和对美好事物的本能喜爱。他们绝对没有任何无聊卑劣的行为，完全不受任何疾病的侵扰，也从不觉得生活枯燥无味。他们结伴游山玩水，去过很多地方。他们设计和建造了自己的宅子。不过有件事儿我觉得挺奇怪，那就是在幻景里我从来没听到过那个房子里传出过音乐之声，也从来没有见过他们在读书，但是我确信他们把大量的时间花在了听音乐和阅读上。

如何才能解释这一奇特的幻象？我感到很是困惑，他们是不是通过我写的哪本书无意识地与我建立起了密切的关系。我觉得这是有可能的，当我看到他们手挽着手站在窗边，也许我哪一本书里的某些词语打动了他们，他们习惯性地记住了。我想应该是那些描写日落的片段，因为我通常总是在日落时分看到他们。但这解释不了我在幻觉当中看到的那座宅子，我也从来没有看到他们夫妇中的哪一位走出过房子，而且有几次我看到音乐室里空无一人。如此奇特而又清晰的幻象是如何在我的脑海里的形成的呢？

他们互相尊重、相敬如宾，这种感觉让我深受感动。这一幻象真是太美了，总是让我身心愉悦。我真切地感受到在与他们的这种奇妙的接触中所获得的精神上的满足。可惜，我只能在极短的瞬间记住所看到的场景，从来都是这样：他们夫妇就在那儿手挽手地站在窗边，然后转瞬就不见了。

意识到两个非常独特的人的存在，确实是一件非常奇怪的事，然而我却毫无能力走进他们的思想。我们之间似乎还没有过那种真实的接触。可以这么讲，我虽在某些时候可以被允许看到这个幻景，但是我可以肯定，我无论如何也不能对他们施加我的意志。我觉得他们的思想也没有在任何时候专注于我，如同我不存在一样，或许只是专注于与我有关系的事物上了。

我需要补充一点。尽管我在夜里经常做梦，并总有很强的能力把看到的情景形象化，但是我不习惯于受制于它，相反，总想控制它。除了回忆和幻想，我在任何时候都没有看到与此类似的幻象。

我坚信有通灵术或者心灵感应。我认为我们的思想总是会受到其他人思想的影响，无论是有意识的还是无意识的。在我看来思想产生于精神媒介，在很大程度上会有交错和转移的情况。虽然我从来没有就此做过任何确切的实验，但是我常常有证据表明我的思想受到了朋友们的影响。这种相互的影响，就像是两根电线以某种方式相互缠绕，整体的思维方式是那样难以理解，很难说清是在什么样的条件下形成的。但是我得承认，我真的很开心，我常常在瞬间意识到的地方和人们都真实存在，切实有形、伸手可触，甚至那些我没有看到、也没有认出的影像也深深地印入我的脑海，让我和某种神秘的伙伴建立了关联。对我来说，这种伙伴关系得到确立，是一种极大的乐趣。我写的这篇文章也许会通过某种愉快的方式向两位我虽然看不到却深爱的人传递着这样的信息：即使我们之间从来就没有像亲属那样共度美好时光，但我仍然期待着可以感受到他们的真切自然的生活，优雅高贵的生活品位并收获身心的安顿。而且，相信会一直这样真切自然。

第十一章

那另一个

> 我说的要比我思考的好，我已经是一个比较有造诣的学者，掌握相当的技能，但是在思想和动机方面，与孩童时代的我相比，似乎并没有什么改变。而那个声音在某些方面与我不太一样。我只是继续感知事物、记忆事物，有时候忘却事物，但是他不会忘记。而正是在这一点上我觉得我帮助过他，就像仆人能够帮助他的主人记住不得不做的一些小事情。

在如下的篇幅里，我将努力“从深井里打出水来”——就是从威廉·莫里斯在《世界尽头的那口井》里所描述的井。这是一种非常奇特而又神秘的体验，这种体验并不经常发生在我身上，间隔的时间也很不规律。有时候几个星期也难得碰上一次，而有时候一天光临好几次。当这种体验降临的时候，我并不觉得有什么奇怪的，感觉也并不那么奇妙。唯一让人惊奇的是，这种体验虽然出现得不怎么多，但在当时似乎是繁华虚浮世界的真实事情。其他所有的事情都消失了，变得可有可无，微乎其微，让我说这种体验就像是看到某些不知名的小镇的灯光，或者如同我们外出夜间坐火车，睡了一觉突然醒来，拉开窗帘往窗外看到的那样。火车放缓了速度，你朝窗外张望，红绿信号灯出现在半空中。而你掠过一座沉睡的小镇，空荡荡的大街上静静地亮着路灯。向下看，在一条长长的街上，可以看到一排排房屋延伸到街的尽头；往上看，可以看到雾蒙蒙的天空，几座隐约发光的高塔。一切显得那么神秘，令人产生梦幻般的感觉。你只知道人们生活在这里，工作在这里。接着，一阵困意袭上心头，你就会饥渴地进入梦乡里。

在我详细叙述此事之前，我先说一下自己最近的心情。秋天里，我独自行走在风景如画的田野上，我的四周是光秃秃的田地。在我的右手方向，是村子里那大片鲜艳的金色和豆沙红色的树林；有着白山墙的村舍连成一片，金色的树丛中矗立着一座塔。此时已临近黄昏，西下的夕阳似乎被一股力量缓慢地拖拽着向下落，缭缭轻云在阳光的照耀下染上了紫红色和铁锈色。我左手一侧流淌着一条欢快的小溪，缓缓地亲吻过灯芯草的植物丛和柳树根部。一切都那么美丽、寂静、超然。当时我正为一件事儿犯愁，需要我慎重考虑，以便在众多的动机和意外事件中做出正确的选择。我不得不走出来好好想想。我掂量了这个，又掂量了那个，权衡再三，我的思维似乎是被什么东西羁绊住了，似乎无论我做出何种选择也摆脱不了当时的尴尬境地。我渴望去做的好像都是不对的，甚至会对周围人造成伤害。“是的，”我对自己说，“无论我做什么，我总是希望能用不同的方式完成，现在就是这样！可我却无路可走。”而就在这时，一个深沉的声音似乎在我体内说话，是那种强烈、平静，甚至缓慢的声音。由于我心绪不宁，这个声音一会儿让我愉快，一会儿又让我恼怒。这个声音说道：“如果你完成了推理和思考，那就让我来决定你怎么做。”接着，我们之间的这种含混不清、半口语、半哑语的对话随即展开。

“你是谁？”我说，“有什么权利干涉我的事？”

那个声音不屑于回答我，只是懒洋洋地大笑起来。

“我在努力地寻找解决问题的办法，”我有些不好意思，又有些不耐烦地说，“如果你愿意，也许你能帮帮我；我真的不知所措——我看不到出路在哪里！”

“啊，你爱怎么使劲想，就怎么想吧，”那另一个声音说道，“我不着急，我可以等你。”

“可是我着急啊，”我说，“我可等不了。不管怎么说，事情必须马上解决，不能再拖延去了。”

“时候到了，我自然会作出决定。”那个声音对我说。

“是的，可你没有明白，”我半是感到恼怒，半是感到无助，“又是这个，又是那个，还有诸如此类的问题需要考虑。我要考虑对其他一些人的影响，我还要考虑自己的立场——我还必须顾及自己的健康——要重视的问题有十几个呢。”

“我知道，”那个声音说，“如果你想平衡所有这些事情，我并不介意。我不关心这个问题！我再说一遍，如果你想好了，我就会作出决定。”

“这么说你知道你打算做什么了？”我有点儿愤怒地说道。

“不，我还不知道，”那个声音说，“但是等时机到了，我就会知道做什么；你丝毫不必怀疑。”

“那么，这就是说我不得不按照你的决定行事了？”我有些生气，但也感到了压力。

“是的，由我决定你做什么，”那个声音说，“你知道得很清楚。”

“那么，我不辞辛苦做的这一切又有什么用呢？”我说。

“啊，你也许最好观察一下，”那个声音说，“那是你的职责！你毕竟只是我的仆人。你必须算好估价和细节，然后我来定夺。你当然得承担你的责任——这完全不是在消耗你的时间和精力。所消耗的是你的烦躁和大惊小怪！”

“我感到焦虑，”我说，“我无法让自己不焦虑！”

“真是遗憾！”那个声音说，“这会让你受到伤害，从某种意义上讲也会让我受到伤害。你知道，你让我觉得不安。但是我不能妨碍你？我必须等待。”

“可是你能肯定你做的就是对的？”我说。

“我只做必须完成的事，”那个声音说，“如果你的意思是说，我是否会后悔自己的选择，这是有可能的。至少你可以后悔。但是这不可能一直是个错误。”

听到这里我感到更加的迷惑，而那个声音却沉默了下来，这样我得空可以四下张望。在与那个声音对话的过程里，我已走了一段路，来到了一条小溪旁。清凉的溪水哗哗地涌入大桥那边的一个池塘，而这个云雾缭绕的池塘就像是一块宝石。多么美丽的景色！……这时，旧有想法、困惑又一次出现了。“如果他那样说，”我对自己说道，想到阻碍我实施计划的对手，“那么我必须准备好个答复——对于我的情况而言，这是一个弱点。也许最好还是写下来。人们往往是怎么想的就怎么说，而不是说出你想要说的……”

“你还在想吗？”那个声音问，“你在那里已经不安地思考了好一会儿。对此我非常抱歉！可是我想不出你为什么不明白！”

“你疯了吗？”我不耐烦地说。

那个声音没有理我。

“你似乎非常强壮，很有耐性！”我最后说道，“我想我有些喜欢上你了，而且我确信可以相信你。可是，你激怒了我，而你又不可能作出解释。你就不能稍微帮我一把！你似乎待在我看不见的地方——我们之间好像有一堵墙。你就不能破墙而出或者探出身子？”

“你不会喜欢这样的，”那个声音说，“那样的话，我们彼此都会觉得别扭的，甚至是痛苦的。那会在很大程度上扰乱你的计划。告诉我，你热爱生活，不是吗？”

“是的，”我说，“我热爱生活——至少我对生活还有兴趣。但是我却不能确信自己是否真的热爱生活。我认为你有比我更好的生活观。告诉我，我热爱生活吗？”

“是的，”那个声音说，“至少我爱生活。你猜对啦，仅此一次；我喜欢什么，要比你喜欢什么关系更大一些。你瞧，首先我信仰上帝。”

“我也信仰上帝，”我急切地说，“我已经达到了那个境界！我完全相信上帝就在那里。这在很大程度上是一个需要争论的问题，而我真的对此深信不疑，毫不怀疑。当然有很多困难——比如人格和动机方面的问题，还有罪恶之源问题——对此我考虑了很多，而且已经得出了结论。就是这样。我可以通过类比的方法很好地作出解释……”

墙的那边传来了笑声，不是那种轻蔑的笑声或者干笑，而是那种含有亲切和同情心口吻的笑声，就像父亲和坐在他膝盖上的孩子在一起享受天伦之乐时发出的笑声。那个声音这时说道："我见过上帝——我见到了。上帝就在这里，就在我们身边，而且你见与不见，上帝就在那儿。上帝不会像你以为的那样来与我们相会……哎呀，你多大年纪了……我忘了。"

他的话一时让我哑口无言，停了一会儿后，我说道："你吓了我一跳！你是谁？你是干什么的……你在哪儿？"

那个声音说道，语气深沉，充满着温馨的爱，似乎是有点吃惊和痛苦："我的孩子！"

接着，我没有再听到什么。我回头继续考虑那些让我放不下并感到焦虑的事情。不过，正如那个声音说的那样，随着作出决定的时刻来临，我毫无疑问地知道自己应该做什么。

好啦，我已经用我所能找到的最贴近的、最简单的语言讲述了这一切经历。我不得不采用声音、笑声和隔墙这样的比喻，因为人们只能使用自己所熟悉的语言。但是所有这些都是真实的。你也许与上百个男人和女人交谈过，在室内或者大街上见过他们的脸和他们穿的衣服。虽然你可以漫不经心地议论或者传播些消息，但人家未必在乎你说了什么，所以都不如我在幻象里看到的那么真实。真的有这么一个人和我在一起，尽管我并不能认出他来，但我对他非常了解，在我的一生中就知道有这个人的存在，就他的选择范围而言，他与我形影不离，分享着我的所有经历。在我继续谈得多些之前，我再给你讲一个经历，那就是在我非常不愉快，渴望逃避生活，悲惨地期待死亡时所发生的经历。

此事出现在类似的情况下——我的头脑里进行着一场可怕的争论，我做什么才能回到幸福生活当中，向谁请教，去往哪里，是否放弃我的工作，是否增加我的工作，如何搞好自己的饮食，怎么样才能不失眠，睡上个好觉。

“你能帮帮我吗？”我一遍又一遍地对另外那个人说道。最后，终于盼来了答复，声音很模糊，也很遥远。

“我病了，”那个声音说，“所以我不能出来！”

这让我感到极度恐慌，因为我觉得孤独和虚弱。所以我说：“是我的过错吗？我是不是做了什么不该做的事情？”

“我受到了打击，”那个声音说，“是你造成的。但这不是你的过错，因为你是无意的。”

“那我能做什么？”我说。

“啊，什么也别做，”那个声音说，“你不要再打扰我了！我在努力让自己恢复，我会好起来的。如果你能行的话，继续玩你的游戏吧，别再留意听我的话。”

“我的游戏！”我痛苦地说，“你不知道我现在很惨吗？”

那个声音叹了口气：“你让我伤心，”那个声音说。“我现在虚弱无力，但是你可以帮助我。尽可能勇敢些，不要胡思乱想，也不要忧伤了。我会很快有能力再次帮助你，但不是现在……啊，让我自己待一会儿。”那个声音补充道，“我必须睡觉，大睡一觉！现在该轮到你帮我了！”

接着我没有再听到什么。一天就这样过去了。

第二天早晨，阳光明媚，海边传来了海浪拍打着鹅卵石的声音，也传来了那个声音。那个声音听上去健康有力、快乐无忧：“我的病好啦！你已经完成了你的职责，亲爱的！把你的负担给我，我来替你承担。现在是你享受快乐的时候了！”

接着好长时间我没有再听到那个声音，但是我的内心却充满了快乐，一个小时接着一个小时，甚至到了该睡觉的时候也毫无倦意，生怕自己睡着了，就会少过一分钟我所热爱的生活。

这就是我们之间的对话，那个声音和我。但是我必须说明，那个声音也不是随时听从我的召唤。我有时召唤他，但却得不到回音；有时他会突然在半空中召唤我，出现在我的身边。他似乎有着他自己的生活，与我的生活很不一样。有时候，当我觉得焦躁烦恼，他会悄悄地让我高兴起来，而我烦心的事也就随风而去，就像风的脚步轻踏入水中；而有的时候，当我感到幸福和满足，他却变得深沉、忧郁、不高兴了，也不理睬我，于是我的心情也跟着变得悲伤和忧郁。他比我强壮得多，他的感觉远远超过了我的感觉，也比我的感觉更为重要。我不知道他是如何忙于处理自己的事情。对此，我所知甚少。而最为奇怪的是，他有些变化。变化得很缓慢，也很难察觉，但是他的变化比我在生活中所出现的变化更多一些。我认为自己根本没有什么改变。我说的要比我思考的好，我已经是一个比较有造诣的学者，掌握相当的技能，但是在思想和动机方面，与孩童时代的我相比，似乎并没有什么改变。而那个声音在某些方面与我不太一样。我只是继续感知事物、记忆事物，有时候忘却事物。但是他不会忘记。而正是在这一点上我觉得我帮助过他，就像仆人能够帮助他的主人记住不得不做的一些小事情。

许多人一定有过与此类似的经历。如同我在十几本书里看到了相同经历的线索，丁尼生在写《两个声音》时也见到过。奇怪的是，这并不能有助于一个人变得更强壮和勇敢，因为我知道，假如我无所不知，我身上焦虑和谨慎的部分最终就会躺下来休息，那样我就有可能悄悄绕开现在把我们分隔开来的那堵墙，投入那个声音的怀抱，与他紧紧拥抱在一起。不，远不止这些！我将与他结合在一起，就像颤抖的水滴融入泉水。那将是一种幸福宁静的享受。而且我知道，在这低垂的天空之下，没有任何质疑和彷徨，许多现在对我来说难以理解的事情或许都是我非常热爱的……

第十二章

我的校园生活

从那时起——无论是作为小学校长还是作为指导教师，我都会明白无误地看待这段经历——一种不同的思想意识已经形成，这就是合作意识与社会责任感，更大的为国效劳的思想的形成之旅，虽然没有大声宣传，却深深地在心里扎根，完全消除了我童年时代的散漫的个人主义。这是一种只有从每个人的内心才能感觉到的成长，并不仅仅是学几门专业课程就能奏效的。

1

回顾早期的岁月，可以肯定到目前为止我的变化并不大——事实是几乎没有什么变化！无论是老年还是幼年，我内心的灵魂要素，点点滴滴、不管是什么，表明我还是那个真实的我，还是原来的那个人——自信、沉着冷静，冷淡地漠视尘嚣，清楚什么是自己必须做的。我做过很多事，经历过很多，有很多的收获，快乐过，也痛苦过。但是无论我争论过什么、表达过什么、试图信仰什么、目的在于什么、希望什么、恐惧什么，这些几乎根本影响不了我生命的核心，而那个奇特的、沉默寡言的、快乐的自我才似乎始终起着至关重要的作用，使我在所尝试做的事情中扮演着沉默的、不那么爱挑剔的观众。我的理智、我的判断力、我的情感都得到了充分的施展。我能获取知识，学习技能，可是内心最深处的秉性始终还在那里，警觉的、敏锐的，两手托着脑袋躺在床上做梦，观察着，很少表示出自己是赞成还是反对某人某事。

在童年时代，生活也许要比现在更具有支配地位。生活以其自己的方式安定地进行着，至少就我的情况而言，我的头脑在那些遥远的日子里是异常不活跃的。天性使我全神贯注于观察。罗斯金是唯一准确地描述过孩童经历的作家，那个时候他就说，作为一个孩子，他几乎完全生活在自己的视野范围。我就是这样。那个时候，我身体唯一不知疲倦、处于兴奋状态的器官就是我的眼睛。品尝、嗅闻、触摸，每一种感觉都会增加我强烈的意识；不过，还是物体的形状、样式、外观让我更感兴趣，也占用了我大部分时间和精力，让我这个孩子一天到晚忙个不停。即使是现在，我的记忆范围，能非常生动准确描述的，还是我住过的房子、家里的庭院、野草丛生的沼泽地、柴火堆，还有附近的一些村舍。我能看见蜿蜒小道、落叶松、灌木丛、街边的花坛和绿化带、砖木结构房屋的样式；而在自己的家里，我记得那墙上的壁纸、家具、地毯和印度印花布的图案，所有这些都绝对清晰地铭刻在我的脑海里。

我就这样生活着，年复一年，日复一日，时间在不经意间过去了；但是我记得自己丝毫没有思索过所见到的这些东西怎么会在这里，为什么会在这里，也不觉得好奇。房子，各个房间里的陈设，仆人，进餐时间，日常事务和消遣，被我想当然地认为就该是这个样子，就是父母意愿的体现。我从未想到过对此提出疑问或觉得应当改变。生活对我来说就应该如此。那时我没有什么强烈的情感，也没有明显的喜好。我的父母似乎对我很和蔼，也很严厉。我没有想过，假如我死了，父母是否会觉得特别悲伤。我觉得自己只是他们的一个摆设，而我的生活理想仅仅是得到了简单的安排，所以我就该尽可能少地妨碍别人，自己的事自己做，把一些小玩意儿据为己有，学着观察一些物品的外观，只是有些东西太大，我无法把它们拿来作为自己的所有物。

后来，我的哥哥去上学了。我不记得自己是否难过，思念着哥哥的陪伴。事实上，我倒是很愉快地接受这额外得到的独立空间。每当哥哥来家度假，我都挺高兴，但是并不兴奋。那个时候我对哥哥在学校里做什么不感到好奇，也不想知道学校是个什么样子。哥哥给我们讲了许多同学和老师的事，但是这些离我太遥远了，听上去像是童话故事。接下来，随着一天天长大，该我去上学的日子也越来越近了。可是我没觉得有什么兴趣，好奇，也不觉得兴奋或者渴望。我想，那时让我高兴的是额外收到了一些礼物，也意识到了书包和行李箱里的物品都是我的。这一天终于来到，我就像白色蓟草种子上的冠毛飘进了一个很大的世界。

2

爸爸妈妈带我们来到学校。这个地方位于莫特莱克，学校叫坦普尔·格鲁夫，离里奇蒙德公园不远，景色很不错。那个时候的莫特莱克不比老式的村落大多少，不像并入伦敦之后那样有许多街道和一排排郊区住宅和别墅。当时这个地方矗立着一些庞大的宅邸，到处都是高墙，里面种着高耸的雪松和栗树，门口竖着古典式的门柱。坦普尔·格鲁夫学校，这么叫是为了纪念这位政治家，他曾经是著名作家斯威夫特的赞助人。这是一座庞大、坚固、漂亮的学校，里面有好几个大操场和很多雅致的楼房，用的都是上好的木料。教室和宿舍与主楼相连，修建的非常结实，也很宽敞。整个建筑高贵庄严，但同时又是那么朴素。我们来到学校，先进去见了校长沃特菲尔德先生。他身材修长、英俊大方，长着卷曲的头发和胡子，一双眼睛炯炯有神，给人留有深刻的印象。这是一位优雅的绅士，十分健谈，虽然有时显得有些不那么必要的严厉，但确实是一位卓越的教师。他的样子使我联想到自己的父亲，因为那个时候我父亲就是威灵顿学院的院长，很显然也是受到人们尊重的人。不过，沃特菲尔德作为我们家的一位老朋友，他还是以某种对等的身份会见我的父亲。我的父母被邀请与校长一家人共进午餐。我和哥哥则因为是学生，只好退出来到学校餐厅就餐。哥哥显然在这里有许多朋友，而我则羞怯地、不知所措地被领到他们中间。餐厅里的男孩子有一百多个。在我看来，他们当中有些人比我大得多，也比我强壮。不过，哥哥的这些朋友对我都很友好，因此一开始我还以为这里会是一个可以令我开心快乐的地方。到了下午，我的父母要回去了，我和哥哥去车站送行。在我向父母说“再见”时，我并没有什么特别的感觉，学校生活对我来说似乎会很愉快，容易对付。但是当我和哥哥走在回学校的路上，望着路两旁围着高墙的庭园，最初的阴影落了下来。哥哥莫名其妙地沉默下来，慢腾腾地挪动着脚步。突然，他把身子转向我，以我以前从未听他用过的、悲戚的腔调对我说："又要在这个倒霉的地方待上十三个星期了！"

我被安排在与我年龄不太相符的高年级班。在一个大教室里，有四名老师，他们面前有一个讲课用的讲台；教室里对称地摆放着几排带锁的课桌，其中一些桌面上留下了明显的刻痕或凿痕，一个大壁炉用铁条隔开。通过了规定的入学考试后，有人带我穿过教室，来到一个老师面前。这个老师是又矮又胖，有些自负，长着连鬓胡子，鼻子发红，穿着短长袍，看上去样子有些急躁，但性情还是温和的，他当时正在课堂上滔滔不绝地讲着什么，而我就被交给他，由他来照料了。一切安排妥当：我有了自己的座位，也清楚了自己的职责。随着一天天过去，我的校园生活也逐渐有了模样。我在高年级学生宿舍有了一个小隔间。学校里的餐厅很大，可是气味难闻，我们就在那里吃饭；还有一个大图书馆，挺舒适的，我们可以坐在那里看书学习；图书馆外边有两三个板球场，一个用来操练的、铺着沙石的场地，一个体育馆。体育馆那边就是被我们叫作"体育场"的地方，不仅那时候，即使是现在，在我看来那也算得上是一个很漂亮的地方。整个体育场被设计得很精心。那里有一大片低洼的草坪，这里曾经有一个湖，一片灌木林，还有几条蜿蜒的小路，被毁坏的房屋，古典式的门廊，在树木茂盛的高地上面是一个家庭菜园和用来放牛的小牧场；两边都砌有围墙和栅栏，与其他一些大宅子隔开，而那些大宅子看上去都那么宏伟和神秘。而我的生活就要在这小小的空间里度过了。

要想看到外边的世界，唯一的机会就是我们礼拜天前往一个现代教堂。那个教堂不是一般的丑陋，简直是俗不可耐，在那里进行的礼拜仪式也令人厌烦。学校偶尔也会允许我们带上零用钱去镇上一些小店买些东西。有时候我们去里奇蒙德公园散步，一个和善的老师领着我们十几个男孩。公园里的花草树木和成群的小鹿，对我来说，都是那么朦胧和漂亮。

很快，我的心平静下来，意识到这是一个可憎的地方。不过，无论从哪个方面讲，我都从来没有受到过欺负或骚扰。这里的道德风气难以置信的好。我在这里的两年时间里，从未听到过什么邪恶的话或看到过邪恶的行为，所以当我离开这所学校时，我还是与入学时一样纯真无邪。

不过，这是令人感到恐怖的荒凉之地。这里有许多我们并不清楚的条例规则，你无意当中也许就可能触犯。我记得，我在那里没有结交上一个真正的朋友。我喜欢上了几个男孩，但那完全是为了保护自己，不让自己的内心生活受到干扰。功课对我来说总是很容易就能完成，老师们性情温和，很有能力。但是我却整天想着假期——家已经变成了遥远的、天堂般的好地方。我记得，夏日清晨醒来，听着附近庭园里孔雀的尖叫声，我就想到了这里严厉、刻板、按条例做事的日常生活，令我厌恶。没有人关心你，功课也枯燥乏味，没有什么事情能让你享受到乐趣或满足你的兴趣。学校里也有一些体育活动和游戏活动，但是因为组织得不好，我也很少参加。空闲的时候我就去操场漫步，不过我记得最让自己高兴的还是在图书馆里埋头看书，全身心地投入想象之中。

这个地方管理得很好，我们的膳食也很卫生，有益于健康。不过这里已形成的一种禁忌却非常奇怪，学校认为我们必须吃许多我们并不喜欢吃的东西。我本身胃口很好，但是这里的惯例是，做出来的食物让你说不出来有多么难吃，总是掺兑了什么杂质，其理论是这里的人不能吃得太饱，只要能维持生命所需就够了。比如说，有的日子会给我们的餐桌提供美味的西米布丁。但是不允许任何人去吃。既定的规矩是必须把布丁塞入纸袋，饭后丢到操场上去。我不知道老师们是否看到了——老师从未对此提出任何看法——而我却觉得这么做太可惜了。结果你的物质生活虽然很丰富，却要挨饿，而食物则变成了生活的一种偏见。

那个时候我是一个纤弱的男孩，经常被送到学校卫生所，要么是伤风感冒、咽喉疼痛，要么是因为其他一些小病。卫生所就在蒙特莱克，是一幢老式的小房子，而护士长路易莎是我们学校的一个老仆人；路易莎是我在那里唯一用真情对待的人，去卫生所就像是去乐园。我可以待在一间舒适的房间里，而路易莎总是拥抱我，悄悄地吻我，给我做一点必要的诊治，还给我一些好吃的东西，然后领我出去散步。在卫生所围墙里的小院子里我度过了很多愉快时光。有时候我在黄杨树下漫步，有时候我透过窗户望着外面的街道，看着街对面杂货店掌柜忙着在橱窗里摆放货品。

至于其他事件，悲剧的或喜剧的，我能回想起来的很少。我见过一个笨男孩极度恐慌地被人使劲儿地鞭笞，那情景让我感到恐怖。我还记得一个脾气暴躁的学生因欺负同学而接受“学校鞭打”。男孩子们在大教室里排列成行，那个犯错的男孩不得不承受夹道鞭笞。他痛苦地向前走着，挨着雨点般的击打，脸很丑陋，还挂着泪珠。我记得自己也劲头十足地加入其中，尽管我几乎不知道那个挨打的男孩做错了什么事。有些时候，我们有机会和一些老师在房间里融洽地待上几个下午，但除此之外，学校里的整个生活枯燥乏味，处在经常挨饿的那种状态，做什么事都要依据规章制度，没有友爱，没有冒险活动。我在一个小日历上划分出假期，仅仅只是以一种算不上恬淡寡欲的坚韧态度下决心把真实的自己、把自己的思想、把自己的感觉隐藏起来，不让别的任何同学知道。我几乎不知道自己害怕什么。我的目标就是绝对不能惹事，自找麻烦，别的同学做什么我就做什么，尽可能做一个最普通的学生，避免引起别人对自己的注意。我很奇特地把遇事冷漠和神经过敏混合在一起。我一点也不在乎别人怎么看我，我也没有什么样的野心，不希望得到别人的喜欢，或者取得什么样的成绩，抑或给别人留下什么深刻的印象。与此同时，我对哪怕是最轻微的批评或者嘲笑都十分敏感。现在看来，我也感到奇怪，我怎么会如此强烈地仇视那里的生活，抵触情绪那么严重，因为我从来没有受到过任何伤害或者不公平对待。不过，如果那就是生活，这个嘛，我还是不喜欢！我没有可信赖的人，我不想得到信任，也不想给予别人信任。一个学期的学习只是家庭生活的一个沉闷的间奏曲，冷漠地得过且过，只要能让自己顺利度过就行。

我在那里读了两年书。我还记得自己和哥哥最后告别这里的情景。我再也不想见到或者听到关于那里任何人的消息——老师、校工或同学。这情景颇有点像"谢天谢地，我再也不想见到你"那种情况。我记得，当我最后望着学校的高墙、屋顶、高大的门柱和挺拔的雪松，我是多么欣喜若狂，期待自己重新过上美好的生活。重新获得自由，我可以嘲笑学校的昏暗恐怖，但是我丝毫没有感激之情或忠诚之感。虽然我得到了如此多的体贴照顾，我却麻木地加以接受，从未想过这些好心的行为出于什么样的情感和利益，只是把这些当作我的长辈或年长的同学莫名其妙的选择，——我们在校卫生所停了一会儿——至少这里曾经是让我感到愉悦的地方——我眼含热泪扑向路易莎丰满的胸怀，与她紧紧拥抱，而路易莎对我如此高兴离开这里稍微觉得有点遗憾。

我不认为那里的生活合乎情理、健康有序，给我带来了什么益处。我在家里是一个非常开心愉快的男孩，但是不太具备动物精神，根本没有男孩子那种不守规矩、吵吵闹闹的奔放性格。我很害羞，也很敏感。但是我怀疑，所有的兴趣、乐趣和情感就这样完全地处于饥饿状态是否会让人感到愉快。这使我怀疑生活，对生活不感兴趣。我不喜欢这里喧闹的声音、好斗的嬉戏、粗劣的味道。真实的生活，那种富于观察、富于想象、富于梦想、富于幻想的生活，已经被驱赶到了角落里。你在这里也许会招致嘲笑、憎恨、严厉的惩罚、厌恶、刺耳的责骂，而且这样的感觉弥漫在空气中，让你产生很不自在的恐惧感。我走了，给这里留下的印象是自私、有能力——因为我非常轻松地拿到了伊顿公学的奖学金——单纯、幼稚、困惑、完全没有什么抱负。在我看来，这个世界似乎是一个又大、又吵、又蠢的地方。我敏锐、细腻的内在感觉（我已经说过了）几乎没有得到唤醒。这种内在感觉已经对人性有了最初的认识，但是我却不喜欢。我的内心世界仍然是孤独的、沉默的，继续寻找着其自身的出路，而且完全没有意识到我需要与其他人建立起某种关系。

3

接着，我来到了伊顿公学。走进这个大学校，我再一次漂浮着，陷入轻微的迷乱中。不过像伊顿公学这样的大学校——我入学时，这里已经有差不多上千名男孩——我从来没有意识到学校大也会是令人不舒服的因素，即使是最低程度。实际情况是，伊顿公学的运作大体上更像是一所大学，而不是中学：每一座宅子就像是一所学院，有其自己的传统和自己的管辖权。住在不同宅子里的男孩们相互很少有什么交往，而且他们自己本身就本能地不赞成与外边的人建立联系。同一宅子的低年级学生玩在一起，并很多时候在一起做功课，过着那种平平淡淡的集体生活。大家心照不宣，谁都懂得一个男孩子应该与他同一宅子里的同学站在一起，同呼吸，共命运。如果他在外边交了许多朋友，通常他就会成为不受欢迎的人，因为他会被认为是在寻找智力低下的伙伴，对他没好处。即使是在同一个宅子里，不同年龄的男孩子们相互之间也少有来往。每个宅子都被平行的划分成不同区域，所以这不是男孩子的一个混乱群体，而是一个界限明确、由一个个小圈子或小组所组成的集体。

此外，我在伊顿公学的时候，那里还没有哪个地方能够容得下学校的全体人员，所以我从来没有机会看到过全校集合的场面。学校里有两个小教堂，而教室的分布却相当分散，如果什么时候校长要向全校师生讲话，他甚至不会邀请低年级学生。即使是高年级学生，也不会被强迫参加会议，所以高年级的学生并不一定会出席，除非哪个学生有兴趣去听校长演讲。

我是拿奖学金进入伊顿的学生，获得皇家奖学金的七十人里就有我一个。我们住在古旧的房子里。我们的食堂是一个宏伟的哥特式大厅，已有四百多年历史了。木制屋顶，敞开式壁炉，墙上挂着一些从伊顿公学走出去的名人画像。在公开场合我们穿着布长袍，而在教堂里则穿着白袍子。学校里的一切都是那么高贵庄重，但是那个时候我们的伙食却很不好，生活中所受到的照顾也很少。这里有许多古老而怪异的习俗，但是人们都很自然地加以接受，从来不会去想这些习俗有多么古老或者多么怪异。

例如，在我最初到那里的时候，低年级学生，每次三个，服侍六年级学生用餐，被称作“从仆”，递盘子，倒啤酒。如果穿着长袍、坐在餐桌一端的学长要切肉，从仆还要帮忙扯住他们长长的袖子。这种惯例因为有辱人格在我到校后不久便被废除了。但是我们从未想过这根本不是什么有趣的事。看着大人物们用餐，听着他们闲聊，真的让我们很开心。我还记得，在我上六年级时，在餐厅用餐的威斯敏斯特学校教务长亲切而又坚定地对我说，必须注意梳理头发，保持双手洁净，现在就要为将来在公共场合露面而塑造自己的形象！

我们得到了年龄大一些的高年级学生父亲般的亲切关怀。我被分配给雷金纳德·史密斯先生做“苦工”（他现在是我的出版人）。我必须为他准备洗澡水，洗完澡后为他清理浴盆，为他泡茶，为他烤面包片，早晨叫醒他，还要为他跑腿。作为回报，如果晚上低年级宿舍吵杂，我可以被允许留在他的房间里安静地做完功课，或者我在学习上遇到了问题，他总是非常愿意帮助我。由学长帮忙完成作业成了平常之事，所以当我的指导老师在我的诗里标出元音的长短错误时，我愤愤不平地对老师说:“什么，老师，这可是我的学长写的! ”指导老师大笑起来，说道:“代我向你的学长致意，转告他 senator 的第一个音节是短的! ”

低年级宿舍与六年级宿舍挨着，中间只隔着一条走廊，不过我们住的是大房间，里面隔成一个个小隔间，而高年级同学住的则是大单间。我们的宿舍非常嘈杂，里面有一个很大的开放式壁炉和一张大橡木桌子。如果我们的吵闹声过大，六年级学生就会出来干涉。我记得有一次我和一个同学（他现在是圣保罗学校的教务长）一起被高年级学生用笞杖非常轻地打了几下，因为我们用旧的吸墨纸燃起了一小堆篝火，结果弄得满屋子烟雾弥漫。

自由活动，这在许多私立学校里是件令人惊讶的事情。我们也是不得不在某些时刻出现在学校里，但是次数并不是太多。一些额外的功课是在私人指导教师的带领下完成的，但是那里并没有监管，我们被认为必须尽可能地按时预习功课，完成作业。温莎城里的小巷和边道是不准我们去的，但是我们可以去那里的商业大街，而且可以不受限制地前往城堡、公园和周边的乡下村落游玩。赶上半天休假日——每周三次——我们要接受点名，这样我们下午就有了三个小时的空闲时间，我们可以想去哪里就去哪里。圣徒纪念日或者某些周年纪念日则全天放假，我们从早到晚自由活动。这个时候我最喜欢去的地方就是学校古老的图书馆（现在已不复存在了），我可以在那里看书。我在那里度过了许多美好的时光，茫然地浏览着一排排书架上的书。我清楚地记得，就是在图书馆里我见到了柯曾大人，当时他和一位贵族成员正站在壁炉旁讨论着某个政治问题。他们深奥的知识和高雅的语言，让我惊叹不已。

但在许多方面，学校里的生活还是非常封闭的，几乎与世隔绝。进校后的很长时间里，除了十几个与我一起上课的男孩外，我几乎不认识其他同学。我也只认识与我同一宿舍相邻隔间的男孩，住在其他房子里的男孩儿我都不认识，相遇时顶多是打个招呼而已。你从不会想到与哪个偶然相遇的同学进行交谈，除非你认识他。还有一些我以前就认识的人当时也在学校，我却从来没有与他们说过一句话。

虽然学院里有一个导师，他带领我们做晚祷告，我们遇事可以向他请假获得到批准，也可以向他请教与学业有关的事儿，但他几乎不参与对学生的惩罚。惩罚的事全部掌握在六年级学生的手中。他们维持秩序，张贴公告，并被允许使用鞭笞，甚至制定惩罚的方式。从未有人想到过求助老师来反抗他们，而他们的权利也从来没有滥用过。不过，你在学校的任何地方都很少能看到公开的惩罚。老师不允许体罚学生。老师可以作出惩罚的决定，比如学生的不良行为或者懒散，然后将学生送到校长那里接受鞭打。但是这里的惩戒是本能行为，而且民意的力量是无比强大的。人们凭直觉知道什么事可以做，什么事不能做，无论怎么讲，每个人对自己的行为与众不同或者怪异离群的这种恐惧感还是十分强烈的。学校里有两三个管理很差的地方，那里的组织和开展过的活动都很糟糕。不过就公共秩序上的管理而言，整体上还是挺完美的：男孩子们举办着自己喜欢的活动，管理着自己的事务，强烈的从属感渗透到了整个校园。而且伊顿公学的格言，即一个男孩应该学会了解这里，至今仍然有效，没有任何的强制感或者约束感。

我不认为那里的教育制度有多么好。我在那里读书时，除了古希腊和古罗马文学、数学，还有神学，其他方面的知识讲授得很少，比如说法语、自然科学和历史。整个课程的核心就是纯粹的古典文学。我们写下了大量的作文，用希腊语和拉丁语，而拉丁诗体的练习让我获得了相当多真正的乐趣，也培养了我善于创作的自豪感。你想偷懒也行，你可以在做练习的时候，违反规定去找其他同学帮忙。学校里的大部分功课是由阅读经典书籍构成的，存在着重复现象，所提供的解释乏味单调、不够紧凑。我在课堂上很少努力专心地学习。能让你振奋的老师也不多。我需要严格而又细致的讲授，所以我只能从私人指导老师那里学到一些东西。除此之外，你不会得到哪个老师对你个人的特别关注。最终的结果是，少数有能力的学生后来成为精通古典文学，卓有成就的学者，但是相当多的学生其实没有真正接受过教育。各年级的学生人数太多，不可能得到实际有效的监管。只要你适当地完成了作业，静静地坐在角落里，你就可以快活地一个人待着，不会有哪个老师打搅你。我们经常“挖坑道”（当时对背地里看课外书做法的一种称呼），尽管不那么流行。一些有抱负的同学刻苦学习，而我们大多数人则过着无忧无虑的生活，只求功课及格就行。很长一段时间，我对自己所学的课程没一点儿兴趣。不过我私下里读了大量的英文课外书，并用拉丁语和希腊语写诗，但对这种诗体只是有了模糊的认识，而且格式用得也非常不准确，所以在这一方面也并没有真正掌握什么知识。

随着我在校园里一天天长大，初步的社会价值观也在逐渐形成。坦率地讲，我们都是民主主义者。学校里有许多贵族子弟，其中一些还拥有爵位，但是没有谁对此产生哪怕一点点兴趣。后来我惊讶地发现，尽管最初我对贵族阶层是个什么样子并没有概念，学校里有些男孩子的名字我早有所闻，却不知道和我在一个学校里读书，是我的同学。无论我们摆脱的是什么，不管怎样，我们都不是势利小人。构成我们上层社会的东西是体育活动，纯洁简单。出色的运动员是这个地方的英雄，而学校的俱乐部叫作联谊辩论俱乐部，大家在这里选出主要的运动员，他们享受着绝对的霸权，维持着学校室外活动的纪律。事实上，如果遇有大型比赛，学生们就会被列队站成一排、手执笞杖的俱乐部成员挡在线外。如果学生越过界线，他们就会向人群挥鞭猛打。学生在学校里的社会地位完全由体育活动来确定。也许你很聪明、和蔼可亲、讨人喜欢、有男子汉气概，是一个优等生，但是如果在规定的体育项目上不及格或成绩不好，你在伊顿公学也什么都不是。从某种意义上讲，这种对体育的重视是有益于学生健康的。但是话说回来，一个有体育特长的坏学生完全有可能对学校的人文环境造成非常不利的影响。这样的学生往往不会受到批评。他们的素养水平虽然不高，但是还不至于达到相当恶劣的程度。一个男孩的私生活是他自己的事，而公众舆论并不能施加某种特别的道德影响。尽管我本人厚道老实，也感谢上帝让我在伊顿公学读书期间从未遭遇恶势力的困扰。谈话的氛围是随便宽松的。公开表达反对意见就会被认为一本正经。尽管某些宿舍内的某些群体的声调毫无疑问是不怎么样的，但男孩的成熟感贯穿在这个地方，即男孩有权独立，受不受欢迎的生活方式更像是个人的选择问题，而不是一件需要强制的事情。这样的事实更像一面镜子，只是这面镜子与我所听说过的其他学校相比，所反映的世界要大得多。据我了解，没有哪个学校的故事能如此自由，令我印象深刻，很奇特，超出了人们想象的样子。这里没有类似循环电路这样的东西传播各种事件或事故的消息，这一点还被认为学校生活的特色。人们习惯于事情发生过后很久才听到相关的消息或者根本不想听到。这里有谣言，有传闻，但是我想象不出还有什么地方的学生具有这样孤独和不善社交的特征，对正在发生的事情完全没有意识。这是一个高度个性化的地方，如果你能遵循表面性的那些惯例，就像我做的那样，你就可以过着非常平静、近乎于隐居似的生活，看书、四处闲逛、与几个合得来的朋友没完没了地热切地闲聊，完全没有意识到为你做的什么事情正在完成。只要你脾气够好，为人随和，你就完全不会受到任何烦扰，无论是在教育方面还是在社交方面。

因此，对头脑固执、富有独创性的学生来说，这是所很好的学校。而对那些墨守陈规、不喜欢思考的学生而言，这里很容易把他们培养成传统型的人——举止文雅、敏感、精明能干、处世能力很强。只是，其被培养出来的许多价值观是错的。这也许会让学生们过高评估体育活动，轻视课程知识，崇拜社会成功。他们容忍的态度是错误的，我是说那种容忍道德失误的态度，而且他们还轻蔑地看待思想观念和精神创意。学校里的宠儿是那些快乐的、谦虚的、守纪律的运动员。老师们愿意和这样的学生交朋友，因为这种良好的相互理解有助于维持纪律，而且他们还是令人愉快的、兴高采烈的伙伴。那些有个性或有力量的学生，除非是运动员，却往往会被人们忽视。这里的管理理论就是不干涉，并缺乏热情和鼓励。校长是霍恩比博士，后来他还担任过某大学的某学院的院长，一位谦恭、英俊、高贵的绅士，一位优秀的牧师，也是我听说过的最有魅力的演讲者之一。我们尊敬他，崇拜他，他对学校里的老师了解得很少，也从不施加其个人的影响，学生们却觉得他是一个很有影响力的人。他无比谦虚、无比文雅，他从不大声斥责或训诫学生。我从未听到过他说过什么不好的字眼。可另一方面，他也从未呼吁我们做什么，或者要求得到我们的帮助，或者急切地、愤慨地评论任何事件或流行趋势。他憎恨邪恶，可一旦碰到类似的事情发生却又闭上眼睛装作没看见，宁愿认为不存在这样的事，完全是一种逃避的态度。学校里有些老师，他们形成了自己的圈子，按照他们自己的生存方式行事，展现出了比较鲜明的特性。但是整个校园的风气与感情、激情之类的情感格格不入，缺乏令人振奋的氛围。渗透在人们头脑的完美典型是自我克制、遵守秩序、行为端正、热爱体育运动的人。

当我快要结束在这里的学习生活时，我已经能够适应有关的差别。我开始私下里阅读古典文学，升入六年级后，我甚至还被选入联谊辩论俱乐部。可我总是缺乏冒险精神，甚至有点羞怯。我的个人生活风格通过阅读和交谈逐渐成形，并觉得生活的中心已经不知不觉地从家里转移到了学校。但是通过在学校里的生活体验，我从未获得任何深刻的爱国主义思想，任何无私的雄心壮志，任何能够激励我在世界发挥高尚作用的愿景。我可以肯定，这即是我自身性情所致的结果，也是这所学校倡导的精神对我所造成的结果。但是这里的精神是强有力的，让我学会了默认理想的礼仪、理想的顺从、理想的有规律的、谦恭的、缺乏热情的生活。

离开学校是件让人感到悲伤的事儿。你的根深深地扎在这里，盘绕在这里的土壤里、这里的教室内、这里的记忆中，还有这里的愉快时光——因为最为重要的就是愉快——在剩下的最后几个星期里，许多循规蹈矩的同学却让人感到意外的流露出各种各样奇特的情感；而且我们还有一种沉闷的预感，好像生活走到了尽头，担忧未来的生活不会那么激动人心、充满光明。我收拾好行李，向老师和同学们道别，分发礼物，然后乘坐四轮马车离开学校。过桥的时候，我望着桥边我喜爱的运动场、场地上的草坪和榆树、桥下流淌的河水、桥那边城堡式的学校建筑、古老的红砖墙、角楼、高高的小教堂的尖塔及其巨大的扶垛，美好的七年时光就是在这里度过的。我记得，当时我突然无所顾忌地哭了起来。虽然我没有因为自己的失败、闲散、空虚的安逸，或者任何不健康的思想而感到后悔，但我对所有这一切却深感内疚。我真的希望那个时候应该懊悔！可是当我把如此平静的、如此快乐的生活留在身后时却只是表现出了感谢之情、欣喜之情和悲痛之情。未来的世界在我看来似乎给不了我极其想要做的什么事，或渴望获取的东西。而这里的那扇门却已关上，一个华美的篇章业已结束，一段悦耳的音乐戛然而止，而所有这些将不复存在……

这是三十五年前的事啦！从那时起——无论是作为小学校长还是作为指导教师，我都会明白无误地看待这段经历——一种不同的思想意识已经形成，这就是合作意识与社会责任感，更大的为国效劳的思想的形成之旅，虽然没有大声宣传，却深深地在心里扎根，完全消除了我童年时代的散漫的个人主义。这是一种只有从每个人的内心才能感觉到的成长，并不仅仅是学几门专业课程就能奏效的。我认为，布尔战争已经展现出了这种精神，而我们眼下正在进行的这场战争已经证明了这种精神的成熟力量。这种力量部分的是由组织聚集的，但是更多的是通过宽厚的自我牺牲的伟大理想。在任何情况下，这都是伟大而又高尚的成果；这种精神会有这样的成熟果实，我满心欢喜。我们需要这样的充满勇气、公正无私、刚毅的公益精神。

第十三章

作者的身份

艺术的终极本能就是表达美感。一个场景、一个人物、一个想法，或一种情感，撞击着我们的头脑，在我们头脑里留下突出的、美丽的、奇异的、绝妙的印象，而头脑渴望去记录、去描述、去分离、去强调这些印象。

接下来的一篇散文随笔是《魔草和三色堇》，主题是一个奇特有趣的试验。我第一次想到这个主题时，觉得它很有启发意义，一个很有实质内容的灵感。作者也许不该对自己的作品进行评论，但它潜在的主题是：生活中我时常受到一种紧迫感的困扰，有时这种感觉断断续续，有时则接踵而至。我觉得自己像是在寻找不知何故丢失的东西，努力忙于重新找回某种情感或是期望。毫无疑问，我曾经拥有过这样的情感和期望，但却忘记或遗失了。有时，我觉得自己正走在路上，沿着正确的方向追寻着这些东西，不久前似乎我还将它们紧握在手中；有时，我觉得这些东西伸手可触，只是它们躲避在薄薄的面纱后面让我无法看清。我知道很多人和我有着同样的感觉，而且正是这一点构成了纽曼的诗《慈光歌》里那非凡、感人的魅力。奇怪的是，尽管这首诗曾被人们曲解和误会，但是没有人能够否认它的优美。在这首诗里，神学家纽曼仅用了一些精致的诗句就概括了一切。我们仅凭这首诗结尾的两行就可窥一斑它的魅力：

晨曦光里天使和蔼的笑容
多年心爱，何经一时重提。

我希望纽曼并没有写下“天使和蔼的笑容”，因为这似乎将创作仍然局限在他的职业神学家的范畴内。说心里话，我期待纽曼在诗歌的创作上没有这样的限制。我们不能过于盲目，以至于看不出先入为主背后的实质。这就像是一块图案精美的挂毯，它装饰着的是一个人内心思想的密室。我一点也不怀疑，无论纽曼说的是什么，他所指的与我所指的是同样的意思，只是他运用了不同的符号和表达方式。同样，我们在华兹华斯的《不朽迹象颂》中找到了相同的思想，即生命并不局限于生死之间，一个人的经历要比仅靠回忆录记下的东西广泛丰富得多，也久远得多。人们失去的正是这个。艺术最伟大的神秘之处在于这样一个事实，即一幅画、一个突然而至的音乐片段、一本书里的某一页有时会让你感动，让你情不自禁。你会与其中的只言片语产生共鸣，会强烈的意识到其中所描述的情感自己以前似乎在什么地方听到过、见到过，而这种感觉远远超出了眼前可见的视野。

好吧，我尝试着把这个想法写进了《魔草和三色堇》，部分原因在于这是一个深沉而又模糊的思想，另一部分原因就是这个想法让我十分着迷，所以我不嫌麻烦，花费了比以往更多的时间来描写这种体验。

我突然异想天开地产生了一个古怪的念头，我应该试验一下。我可以把自己写的东西发出去，权当是投石问路，看看是否有人会读我的作品，或者能察觉出披着伪装的我。通过出版社的一个朋友，我匿名秘密地发表了自己的作品。我选了能找到的最好的纸张和最漂亮的铅字字符用于这本书的印刷排版，大大地投资了一笔经费，投资远远超出了这本书最初的预算，而后把作品寄给报社，让他们作出评论，我甚至还把书送给了我在文学圈里的几个朋友。

令我感到困惑的是，试验的结果让我备感羞辱。有家报社的评论还算是温和，只有一小段，说我的作品还有点用处；另一家报纸则说作者在文中过多地使用了 one 这个词；与此同时，甚至只有一个朋友对我的这部作品有所反应。再一次体验从一文不值的新手做起是件令人愉快而兴奋的事儿，即使事实上你已经通过了大量的写作实践，竭尽全力、精心地写出了很多好的作品，你会发现在你匿名写作的时候仍没有人听你说些什么。

2

这迫使我重新考虑自己在文学圈里的冒险经历。我相信其他一些作家或者想成为作家的人也许会对我的经历有些兴趣。假如我能做到的话，我希望自己能做得更好，说说写作到底是怎么回事儿，写出一本书到底意味着什么，人们为什么要写作，写作的目的又是什么。对所有这些问题我的看法比较清楚，不妨听我一一道来，这对想要从事写作的人，应该是有益无害的。

可以说我是在书堆里长大的，关于书的谈论也听到过很多。

真的，我一直认为我的父亲本质上更像是一位艺术家，只是他担任校长和主教后，表现出来的都是卓越的组织和管理能力，不然的话，他也许会是一个很好的诗人。确实如此，我的家族可以被称作是个写作世家。在我们家的四代人里，与我有血缘关系的亲属就有二十位出版过自己的著作，从我的堂姐阿德莱德·安妮·普罗克特到我的舅舅亨利·西奇威克。在我们还小的时候，他们就创办了一份小杂志，专门用来刊登自己写的散文和诗歌，在家族的圈子里传阅。在伊顿公学和剑桥大学读书时，我主要是写诗；临近大学毕业，我写出了一部小说，寄给《麦克米伦杂志》，当时的编辑是莫利勋爵。莫利大人把我的稿子退了回来，亲切地评价我的小说"光有调味汁没有肉"，还说如果这部小说出版了，并不会让我在以后的生活里为此而感到骄傲。

后来，作为大学生，我写了一本古怪的小册子，题目是"阿瑟·汉密尔顿回忆录"，写完之后匿名发表了。尽管受到了评论家的严厉抨击，但是可以肯定这部作品在一定程度上获得了成功。后来我成了一所学校的校长，工作很忙，抽空写出的只能是些短文，费了不少周折发表在各种杂志上，慢慢才得以汇编成集子。再后来我专心致力于写诗，并相当勤奋执笔不辍地写了好些年，写出了五卷诗歌汇编，只可惜读过的人很少，但写诗让我备感享受。尽管我手里没有发出去的诗稿越来越多了，我也并不后悔把大量的时间花费在诗歌创作上，因为写诗让我学会了如何用词。接着我又写了两部短篇小说集《障山》和《落日之岛》，主要是用来讲给我们家族里的孩子们听，或者供他们阅读。

我还把自己评论丁尼生的一些文章编成了小册子，而且我认为这本书的价值在于介绍了有关丁尼生几乎所有的趣闻逸事。此外，我还为“英国作家系列丛书”写了《罗塞蒂传记》，这是一部耗费了我很多心血写出来的书，其特色在于相当讲究修辞。

所有这些作品都是我在担任小学校长期间完成的。住在学校里的公寓，整天与许多小学生在一起打交道并不是件容易的事儿。我敢说自己是个工作积极主动、十分勤奋的校长，写作只是我工作之余的一种消遣。每周我只能抽出几个小时用来写作，从来没有影响过我的本职工作。

父亲于 1896 年去世，我写了两本书来记叙他的生平事迹，内容相当翔实而丰富。事实上，也就是在完成了这两本书的写作之后，我的作家生涯才真正开始。那是在 1899 年，我开始缓慢地写《宁静的家庭》，但始终对结尾部分感到很不满意，于是就将其搁置起来，没有继续写下去。

那一年，我同时接受了项新的任务，编辑维多利亚女王的信件。我心情复杂地辞去了校长职务，既感到歉疚，也获得了一种解脱。虽说校长这个工作很有趣，对我也很有吸引力，但我不喜欢英国的教育制度，更不信任这个制度。我把自己的看法写入《小学校长》这本书里，书出版后获得了相当的成功。

1903 年我辞去了学校教师的岗位，这时我四十一岁。就在这一年，《宁静的家庭》开始上市发行，还是用的匿名。我与一位老朋友住在伊顿镇。每天我都去温莎城堡，吃力地翻阅着大量的文稿。但是我发现，每天进行几个小时这样的编选工作，几乎是很难做到的，因为你的判断力和辨别力会因疲劳而减弱，视线也会变得模糊起来。

不过，繁重的校长工作的突然中止让我的精神猛然振奋起来，焕发出了我对写作极大的热情，也让我觉得格外轻松。这是一段非常愉快的美好时光。我与许多朋友住在一起，他们都在拼命地写作，而他们苦役般的工作态度与我的自由自在形成了鲜明的对比，我产生了迎头赶上的决心和力量。那段日子，我对自己的校长经历进行了认真的回顾，写出了《厄普顿字母》一书，虽然不十分切题，但这是本生动有趣的书，我仍是通过匿名的方式发表的，虽然没有得到评论家们的任何关注。不过这本书还是有人读，有人谈论。接下来的一两年里，我不知疲倦、以极大的热情埋头写作。我完成了两部专著，一部是论述爱德华·菲茨杰拉德的，另一部是论述沃尔特·佩特的。我的《金丝线》一书，也获得了相当的成功。接下来一年里，我在剑桥安顿下来，写出了《大学之窗》和《死亡之门》，都没有署上我的真名。随后，我写出了《静水之旁》和《圣坛之火》。当然了，这段时间里我并没有完全中断女王信件的编辑工作，这项工作一直还在悄悄地进行着。

那段日子，我先后已写出了六本书，我的写作就是这样开始的。不过有一点值得注意，卖得最好的四本书《宁静的家庭》《厄普顿字母》《金丝线》和《大学之窗》都是匿名发表的，而且在相当长的一段时间里没有人知道这四本书真实作者的姓名。这样一来，我们就能公平地断定，读者们会煞费苦心寻觅着他们感兴趣的书，并且总能找到他们想读的书。因为是匿名发表的，所以这四本书里没有哪一本的成功应该是归功于我的门第、我的地位，或我的朋友——或归功于评论家。真的，这一事实证明了一位出版商所说的话。有天他对我说，无论是各方的评论还是出版商的各种营销模式都并不能真正地使一本书获得成功。而如果读者开始议论或推荐某本书，这本书往往就会逐渐火起来。确实，我后来所出版的书的影响力没有任何一本超越了以前出的这四本。尽管我没有理由抱怨，但我从中得出了这样的结论，即被证明对读者有吸引力的事实上是新的声音和新的思想观念——就像一些普通的思想观念没有得到清楚的表达或形成文字，新思想也许同样如此。过去人们对作家还有一点神秘感，如今早已不是这样。每个人都确切地知道自己期待的是什么，而新的一代读者希望听到新的声音，看到完全不同的写作方式。

3

至于写作的动机，无论是什么，都存在于写作的背后。我们也许可以拆分一下，比如说渴望获得钱财，出于慈善或梦想成为专业作家。但是我认为写作的主要动力是三重性的。追求纯朴简单的艺术，渴望与伙伴交流，或者实现某种抱负，所有这些几乎都可以被认为是对掌声的期盼。

艺术的终极本能就是表达美感。一个场景、一个人物、一个想法、或一种情感，撞击着我们的头脑，在我们头脑里留下突出的、美丽的、奇异的、绝妙的印象，而头脑渴望去记录、去描述、去分离、去强调这些印象。这个过程就像随着人类生活持续进行，一切逐渐变得越来越复杂一样。完全可以这样说，写作一开始只是记录，但是随之而来的就是人们渴望把记录下来的东西进行对比，增加效果，并精心制造背景。接着这个过程变得愈加精细，人们觉得非常有必要按照适当的比例安排素材，清除所有多余的或者概念不清的表述，这样，无论是什么样子的中心思想，就能绝对清晰地、独立地得到凸显。日积月累，大量的艺术变成传统和约定俗成的东西。某些艺术形式自身固定成型，要想发明出任何新的形式也就变得越来越难。当艺术与传统结合在一起就成了所谓的经典，引起文化圈子的浓厚兴趣。再接下来就会爆发一场革命，比如浪漫主义艺术的形式。一方面，这意味着对古老传统的厌倦和对自由的渴望；另一方面，让艺术站在了更广大，但文化程度或修养不那么高的群体的立场上，则意味着创作渴望一种更灵活的艺术形式。文学就具有这种周期性的潮起潮落。当新的艺术形式渐行渐远，依次变成传统的东西，一个时代被称作浪漫主义的东西就会在下一个时代被认作经典。这些变化毫无疑问是一定的心理规律的结果，只是目前还不太被人理解。一个民族的复兴，如果源自某种未确定的原因，爆发出对新思想的强烈兴趣，那就很难用发展的逻辑原理和数学原理来解释。法国大革命和相应的英国浪漫主义复兴就是例证。像卢梭这样的思想家并没有对社会和情感观念萌发出什么兴趣，只是把无数人脑海里浮动的许多模糊思想用吸引人的形式写了出来。像司各特这样的作家则简要陈述了许多人头脑里对古典传统突然产生的厌恶和反感。当然了，司各特这位浪漫主义作家曲解了中世纪的一些情感，因为从历史角度上看，这些情感那个时候并不存在。一般来说，浪漫主义作家倾向于探讨和记叙生活的庄严和焕发光芒的时刻，积累灿烂的生活体验，以一种不科学的方式吸收情感。现在我们开始厌恶这种把生活过度情感化的处理方式，而现实主义作家则刻意地努力呈现生活的本来面目——并不是去改良生活或选择生活，而是给人们留下生活严峻而复杂的印象。浪漫主义作家将人物典型化、样板化，而现实主义作家承认人物个性的不一致和可变性。浪漫主义作家呈现的是人格化的品质和情绪，而现实主义作家描述人情绪的不稳定性和变化性，以及人物之间相互施加的影响。但是两者的动机基本上是一样的，只是浪漫主义作家感兴趣的是生活的激情和生命的启示，而现实主义作家则对生活的真实情况和生活要素感兴趣。不过，无论是浪漫主义作家还是现实主义作家，他们的原动力是相同的：描述和记录奇妙事物和人给他们留下的个人印象。

艺术的第二个原动力是对分享体验和交流经验的渴望。每个人必须知道，孤独对一个有感知能力的人来说会有多么难以忍受。这样的人需要有别的人陪伴共同分享美丽的、令人难忘的或者荒诞的场景，因为这是人的本能需求。假如一个人不得不孤独地品味生活经历，那么所带来的乐趣就会大打折扣，甚至荡然无存。当然了，有些人生来就能享受孤独，比如说享用一顿丰盛的晚餐、一场音乐会、一场演出。但是如果这样的人有了表达的冲动，他就会自觉或不自觉地为艺术创作和艺术欣赏积累素材。而且几乎难以置信的是，一个愿意继续写作，或者作画，或者制作雕像的艺术家在他们完成作品创作之后，会心满意足地把自己的作品搁置一边，并不渴望把作品拿出来供人们评判。我自己的经验是，如果这个人真的是在从事创作，与别人分享乐趣的想法并不是一种非常有意识的感觉。无论你是否意识到把自己的创作成果展示出来的这种冲动一直存在，表达是最重要的，而且喜悦之情就存在于描述和记录当中。所以，假如我知道自己写的东西可能永远不会被另外的人读到，毫无疑问我会很快决定不再写作了。社交和群居本能在艺术的所有方面真的具有重要的主导地位。每一位作家，只要拥有读者群，必须意识到这一事实。许多想成为作家的人会给他送去手稿，征求他们的建议和批评，希望得到他们的引荐，使书稿能够出版。假如我完全依从所有这样的请求，对我来说事情会变得相当容易，我将拿出自己的大部分时间，不辞辛苦地评论这些稿子。这确实是许多业余作者的作品通往出版之路的最好捷径。我想，就像拉斯金说过的那样，假如作家一旦获得成功，这个世界就会竭尽全力，用各种各样的请求将他淹没，防止他什么时候再次获得成功，这是对作家的一个奇特的讽刺。我料想画家和雕刻家不会遭遇这些，因为用包裹邮递画作或雕刻作品可不是容易的事。但是没有什么要比把手稿装进信封，寄给某个作家征求建议更容易的事了。我承认，我很少拒绝这些请求。每当我在写作的时候，我的桌子上会放着三部已印刷出版的小说和一部游记、一首诗，还有两部散文集的手稿。除非我对某个作者给我寄来的作品感到满意，一般情况下我则尽量设法说点什么作为答复，对此我还是觉得蛮痛苦的，原因很简单，那是因为教一个人怎么写作是件费时费力的事儿，需要一个非常漫长的过程，另外一部分原因在于这些作者所渴望的其实不是批评，而是同情和赞美。

潜在于艺术创作之下的第三种动机，毫无疑问，就是获得成就感和渴望别人对自己的喝彩。摆出高贵的或不屑一顾的姿态很容易。但是如果说，当一个人挑战公众的关注，他这么做可不是为了给别人带来乐趣，而是希望自己能够得到别人的赞美，这么说也许更稳妥些，就像在《约伯记》里的以利户布西人以异常的率真这样说道："我要说话，这会使我感觉释然的舒畅！”把自己的作品寄出去征求意见的业余作者通常不能忍受面对这一事实。他们不断地说自己希望做好事，或者享受交流和分享的乐趣。说实话，我不太相信艺术家的动机是毫无私心的。作家写作也许是出于自己的享受，但是通过公开发表的方式展现自己的技能和能力可能就是为了获得承认和赞赏。菲茨杰拉德的《书信集》里有这样一个故事，说鹦鹉每获一项成就，便把自己的羽毛弄皱，转动自己的眼睛，让自己看上去像是一只猫头鹰。当家里的其他一些宠物以各自的把戏作弄鹦鹉时，鹦鹉的主人，为了不让鹦鹉的感情受到伤害，总是小心翼翼地请求鹦鹉“不要那么装模作样”。然而真实的状况是，我们大多数人都想装模作样。斯蒂文森坦白地说，对艺术家而言，得到公众的吹捧和赞扬是他们生命当中不可或缺的东西。确实如此，许多人感受到他们通过创作而赚到的钱是他们获得赞许的象征，令他们觉得快乐，这就应了雪莱所说的那句精妙的格言：“名声是伪装的博爱。”这并非完全是一种卑鄙的动机，因为我们许多人都被这样一个概念所困惑，即获得爱戴的最好捷径就是先让人崇拜和赞美自己。这是一个极大的误解，因为崇拜虽然能引起别人对你的喜爱，但更经常的是引起别人的嫉妒。从玩游戏的小孩或者在街上吹奏小号的流动乐手，到伟大的剧作家和音乐家，他们的愿望总是相同的，那就是给别人留下好的印象。

我曾与一位著名的评论家一起吃饭。饭后我们坐在他的书房里吸烟，这时他指着桌子上一大堆打印出来的稿子对我说，“这是某某人的又一部长篇小说”，并提到这个作家很有点名气，还说“他请我开诚布公地提出批评意见。然而遗憾的是，他能听得懂的语言只有一些奉承的话”。

这话说得很坦率，虽然有点儿让人觉得悲哀，但事实的确如此。对许多艺术家来说，不仅需要听人议论自己完成了什么作品，更需要听人议论自己做得如何如何好。也许，这不是一种健康的心态，但是我们无法忽视或否认这个现象。

即使是最伟大的作家也容易受到这种心境的影响。与大多数诗人相比，罗伯特·勃朗宁，除了偶尔对评论家大发雷霆外，在受到误解时往往能采取忍受的态度，比较有耐心，但是当他受到某所大学学生们的热烈欢迎时，还是得意洋洋地当即表白，他一生都在等待这样的时刻。丁尼生总是设法将公众的憎恨和对名声的渴望结合起来。华兹华斯，就像卡莱尔尖锐地评价的那样，晚年时每年都会去一次伦敦，目的就是“收集对他的一点点颂词”。即使济慈可以说，他对自己作品的批评要比听到评论界圈外的意见更令他痛苦，然而获得承认和博取掌声的可能性不可避免地仍然存在，这也是艺术存在的主要理由。

但是，写作的主要动机还是创造本能，纯洁而又简单。所有文学艺术的成功主要依赖于作家鲜明的个性、作家的活力和感知能力，以及对适度表现自己炽热情感和高涨情绪的掌控能力。伟大的作家为什么相对来说比较少，其原因在于作家要想完全获得成功，那就需要具备相当的天赋、富有创造性的思想、浓厚的感情、独特的风格、清楚的语言表述能力、迷人的魅力、强有力的语气、丰富的词藻、坚持不懈的努力。许多作家都具有其中一些品质。业余写作和专业写作的本质区别在于，业余作者通常很少有能力抛弃和选择，或者不能很好地安排描写的比例。业余诗人的特点是他们的诗句往往是由一些虚弱的、不协调的、拼凑的废话串连在一起——如同一块未加工的矿石，里面的微粒所发出的光芒模糊不清。而富有艺术性的诗歌则是一块经过雕琢的美玉。伟大的诗人经常能够在很短的时间里快速写出精巧的诗句，这是事实。但是在其背后始终有一种强烈的选择能力在发挥作用，而这种能力的产生依靠的是认真的练习和本能的对生活细节的体味。

另外，业余作者写出的散文质感粗糙、布局混乱，好的理念和突出的思想没有得到完美的表达，在索然无味、低劣的材料当中挣扎。业余作者常常不知道如何提高自己的技艺。我认识一位出色的、有成就的人，很健谈。也许是写作手法已经成熟，有人劝他尝试用一种更确定的方式进行散文创作。结果，他却悲哀地看到很有提示性的，甚至美妙的思想因软弱无力、无序的陈述而无法表达出来，这令他感到绝望。让那些具有良好情感和敏捷感知能力的人去理解更是难上加难，而这样的素质是写作的基础，而且自我表达至关重要的必要性就是掌握特别有象征性的甚至是传统的表达方法和表达步骤。有血有肉的生动生活并不能等同于生动的艺术。艺术是一种玄妙的东西，其象征意义只能在一定范围内体现，通过艺术手段，词句、短语、格调就可以表现、提示、暗示更大的视野。正是将宏观印象简化为微观印象，艺术的神秘感才得以存在。

好作品的完成经常是出于赚钱目的；我可以说出一些还健在的作家的名字，他们很实际，如果不是生活所迫，他们是不会情愿拿起笔来写东西的。他们满足于在庸俗的谈话里表达自己的想法，或者更有甚者，靠非议和评论他人作品来生活。野心在相当程度上也能有助于塑造艺术家。出于博爱或仁慈之心的动机也许能像风一样鼓起他们创作的风帆，但是这样的动机从其本身来说并不具有什么艺术价值。就拿我来说吧，到目前为止，在有可能解开的各种复杂的动机里，我身上还从来没有出现过与金钱、野心、慈善或者交流有关的原始冲动。尽可能用力地、优美地、适当地把某种明确的思想写成文字一直是我朴素的、唯一的极度快乐。创作欲望与我所知道的任何欲望都不一样。某些想法、场景、画面会自然而然地涌入脑海，智力立即开始启动，编排、细分、预知、扩展和放大。所有这些多数是由某种无意识的脑力活动完成的，因为我经常能在几分钟内形成自己的思路，然后就放弃了。然而一两个小时之后，要写的东西似乎全都准备好了。

此外，真实的创作是件令人深感开心的事，这种感觉是那样强烈、那样令人喜悦，如同我们的身体和感官都享受到了欢乐。当写作已经真的变成了习惯性行为时，就不会让你产生任何疲倦感，尽管我听到一些作家并不这么说。当写作之旅一旦开始，你就完全没有什么时间和地点的概念：壁炉上的时钟似乎在神奇地向前跳动，而大脑准确地知道什么时候停止工作，所以停下笔来就像是关上水龙头，水流即可就停止了流动。我不记得什么时候强迫过自己写作，除非是身体患病期间，也不记得除了纯粹的乐趣之外，从头至尾写作会是因为别的什么缘由。

说到这里，我知道自己是在自我表白。是的，我是个直率的即兴作家，所以我的作品不会经常获得成功。这样的艺术在哪里失败，哪里就缺少浓缩和修正的力量，而这正是高雅艺术最为重要的环节，也是极为必要的。但是我把它归功于最幸福、最光明的生活体验，对我来说没有什么其他乐趣可以与此进行比较。有人说，轻松写出来的东西会让读者读起来费劲。但是，费力写出来的东西就真的能让人读起来轻松吗?

问题的结局似乎是这样的，如果一个人的创作欲望非常强烈，这种欲望则很有可能找到自己的出路。假如普通的日常工作破坏了你的欲望，那么你的这种欲望可能就不会那么强烈。不过，我并不是建议你一定当什么专业作家，因为奖金很少，这条路走起来也很艰难，一次又一次的失望和沮丧还会让你觉得心酸。尽管赞助的人不少，但肯出钱资助高尚的、出色的作家的施主并不太多，许多同样出色的、高尚的、具有某种特性的人虽然喜欢以写作的方式接近生活，但是他们由于缺乏完整的艺术素养、缺乏专门知识、缺乏技艺，他们必须寻找其他途径来丰富我们这个世界。

第十四章

魔草和三色堇

如果一个人要去寻找自己渴望的安宁—— 一种没有烦恼、不受打扰的安宁，一个人就会满怀希望，有目标感、有自由感地踏上自己的心路历程。

活着是我们的命运。我们的周围是一片黑暗，但我们是光，用抗争的光线吞噬黑暗，用燃烧的火炬刺破黑暗。黑暗熄灭不了光，光照到哪里，哪里就有光明。

1

奥德赛满腔怒火快步穿行在女巫喀耳刻[①]的岛上，试图查明自己的伙伴到底出了什么事。如果这个时候他没有遇见众神使

① 希腊神话中住在艾尤岛岛上的女巫。她是太阳神阿波罗和海神女儿珀耳塞所生的孩子，是国王埃厄忒斯的妹妹。在古希腊文学作品中，她善于用药，并经常以此使她的敌人以及反对她的人变成怪物。

者赫尔墨斯[①]，毫无疑问他肯定会被丛林缭绕的青烟所迷惑，误入女巫巨大的石屋，从而使自己走向毁灭。

赫尔墨斯伪装成一个俊美的小伙子从天而降，来到奥德赛身边。他责备奥德赛，一个很有耐力的人怎么会如此鲁莽草率，并给了奥德赛在我们看来并非怎么好的忠告，他还给了奥德赛一件宝物，这个东西可比任何好的主意管用得多，因为这个宝物就是护身符，能够打破女巫的魔咒，只要他揣在怀里就可以保证自己不受到伤害。

这个宝物是一种多刺儿的、样子难看的药草，往往蔓生在低洼的树荫下。它的根是黑的，但却开着乳白色的花。神把这种药草称作“莫利魔草”，而且没有哪个凡人的力量能够把魔草从土里拔出来。不过，正如奥德赛在讲述这个故事时说的那样，“没有神做不了的事”。假扮成年轻小伙子的赫尔墨斯只是轻轻一拽就把魔草拔了出来。至于符咒如何起到作用、奥德赛如何解救同伴、喀耳刻如何告诉奥德赛死亡区域之路，这些我们都是知道的。但是，即使是这样，奥德赛并没有完全逃脱喀耳刻邪恶的魅力！

2

没有人知道魔草究竟是什么。有些人说是曼德拉草、黑暗

---

① 赫尔墨斯是希腊奥林匹斯十二主神之一，罗马名字墨丘利（Mercury），八大行星中的水星。宙斯与迈亚的儿子。他出生在阿耳卡狄亚的一个山洞里，因而他最早是阿耳卡狄亚的神，是强大的自然界的化身。奥林匹斯统一后，他成为畜牧之神，又由于他穿有飞翅的凉鞋，手持魔杖，能像思想一样敏捷地飞来飞去，故成为宙斯的传旨者和信使。他也被视为行路者的保护神，人们在大路上立有他的神柱，又是商人的庇护神，也是雄辩之神。传说他发明了尺子、数字和字母。他聪明伶俐，机智狡猾，又被视为欺骗之术的创造者，他还是七弦琴的发明者，是希腊各种竞技比赛的庇护神。

之草，其肿胀的苍白色根茎和伸展的枝杈与正在受刑的人形非常相似，被挖出来时还会发出痛苦的呻吟，所以被认为是可怕的不祥之物。但后来这种药草的名字却被用来指一种蒜，作为调味品调制味道浓烈的沙拉。就命名法而言，希腊的植物学家不是非常精确的，他们凭着想象力用手边现成的名称给植物命名。毫无疑问，希腊人认为万物本身有着神秘的本质名称，也许只有神才知道，而人类则只能尽自己的想象来称呼它们。

也许最好是让古老的寓言去自圆其说吧，因为理想化了的、诗意的思想常常遭受错误的理解，并在解释者手中发生低劣的变形。尽管如此，依靠在梦中和幻象中所见到的事物来解释，或者在神奇的地方朦胧地用眼角来进行观察，都是一个不错的选择。然而，真正的、最好的理想化的东西在于它们有着上百个神秘的解释，而且也许没有哪一个解释是正确的。因为诗人是对自己瞬间看到的幻象加以描述，并不知道他所见到的真正意味着什么，甚至不知道这些东西是否真的有什么意义。

大学这样的地方，在许多方面很像是喀耳刻的岛屿，经过漫长的航行，你可能偶然地会经历一场冒险。那里有巨大的、石头砌成的宅邸、一道道闪闪发光的大门、一条条有人守卫的回廊。这是个充满魅力和令你开心愉快的地方。形形色色的神秘人物进进出出，你很难辨别出他们都是干什么的。那里有数不清的碗和盘子，还有温度适宜的洗澡水。喀耳刻有着自己的私生活，也有着很强的求知欲和许许多多古怪的知识。她并不是永远把人变成猪的；而且真的，她为什么这么做，其原因可不那么容易被发现！也许这么做让她感到愉快，更有安全感，尤其是变成猪的那些访客被妥善地安置在猪圈里，发着呼噜声，在泥泞的土里四处乱拱。我们决不能生搬硬套地过分使用寓言，但是无论在什么地方，只要哪里的人需要结交，哪里总会有把人变成猪的事，即使他们后来能恢复原形，并在变回人形的时候痛哭流涕。

3

我写上面文字的目的是想略微思索一下魔草会是个什么东西，如何才能找到它，如何用它。众神信使赫尔墨斯总是能够在某个人真正需要时把魔草拔出来送给他，无论这个人是谁。而且就像莎士比亚诗中说的，正是因为“这个岛上总是听得到声响——声音啊，甜蜜的曲调啊”，所以应该关注的问题就是弄清楚哪种声音“很好听，并不伤人”，哪种声音只能把人引向马槽和猪圈。我的论述并不是以一种深沉的、诚实的态度进行的，也不是希望就像撒胡椒面那样广泛散播我的好主意。说实话，我认为许多符合传统准则的事情，其实根本没有什么用处，是荒谬可笑的。其中一些还有着直接伤害的作用。进一步说，有许多不符合规范和准则的事，实际上是优良和美丽的。所有文明社会的危险在于其成员理所当然地对待盛行的道德标准，不想费事去思考这些标准意味着什么，而是把它当作生活方式来接受，心满意足地行走着，就像是本性难移的甲虫。因为我们都知道，甲虫不会拐弯，但也不会迷路。

软弱地沉陷在一个地方的习俗当中，让人们失去了所有的冒险精神所带来的乐趣。但是大海里的这个岛，以其涛声不断的海滩、挺拔的海岬、林中空地、开阔的空间、草坪上巨大的宅邸，成为高于一切的冒险之地。这里有在起作用的未知力量、野性的情感、敏捷的思潮、许许多多的选择、奇异的快乐。远远望去是难以捉摸的海面，海浪一浪高过一浪地扑向海岸，其他的一些小岛隐约地出现在浪花的那边，船只在撞到通往死亡和沉寂区域之前也许可以在这里靠岸。

我本人也有自己的冒险计划，即乘船远航。既然我又一次回到这个小岛上，如果我能的话，我希望在岛上的灌木丛中追溯我所遭遇过的一些冒险经历，重新思考这些经历带给我的启迪，当然还要说说那些由于我的羞怯或者愚蠢而错过的经历。虽然我可以肯定遇见了赫尔墨斯，但我完全不能确信他是否给了我魔草，我是否也真的接受了魔草，我是否用魔草做了些什么。我知道有些人内心里肯定有魔草，而另一些人则肯定没有。我会努力描述出他认为的魔草是什么，如何找到它。毫无疑问，魔草的根很深，颜色漆黑，但是开出的花却是洁白的，它的叶子上长满针刺，而且黏糊糊的，这样的植物不适合种在修剪齐整的花园里，也不适合成排地生长在垄沟里。遇见魔草很难，想把魔草拔出来更难；不过一旦哪个人获得了魔草，这个人就会知道有些事情他不能再做，某些符咒从此以后对他也没有了魔力。虽然这不能把他从所有的危险境地解救出来，他无论如何也不会被关进猪圈里，除了还能流着悔恨的眼泪，失去了人的所有属性。

4

让我们暂时把所有这些寓言放放，因为总是按照相互关系讲述两件事儿，会让作者和读者感到有些复杂。那我就先说说我在大学里的情况。作为一个年轻人，我似乎永远在追寻那些不可能找到的东西。可事实也并不总是这样；我们有大量的休闲时间，这个时候我们可以玩游戏，坐在壁炉旁喝喝茶、吸吸烟、聊聊游戏，或者谈谈其他人——我不记得还谈过什么别的事，除非是在特定的场合下——或者在傍晚的时候，我们一群人不怎么熟练地弹弹钢琴，唱唱歌，音调算不上优美，或者我们可以坐下来看书学习，享受下读书的乐趣，即使不是为了学好哪门课程，至少可以完成作业。有些上了年纪的人喜欢没完没了地谈论自己年轻时的一些荒唐事，可是我不打算伪称自己没有在工作，而且还让指导老师出洋相，触犯学校的条例，藐视上帝和人类，花着不是自己挣来的钱过着十分放荡的生活。我的朋友里很少有人做过这样的事，即使有那么几位，他们大多早已在人生的赛道上倒了下来，留下了可怜的、悲伤的记忆。我也看不出假装做过这样一些事情的人为什么会感到如此光荣！我是一个十分稳重而又清醒的市民，也犯过错误，有过失败。但我写的文章改变不了那些不道德、邪恶的人，因为他们确实预先准备好了大量的材料，并以各种不同的方式和令人觉得非常厌恶的方式来实现他们自身的转变！我倒希望这篇文章的读者是那些生活富裕、安康快乐的人们，因为他们也许有着与我相同的经历，就是我之前已经说过的那种体验，寻找我不可能找到的东西。在那些日子里，我敢于坦白，我读本书，或者听个演讲或布道，或与某个有趣的、有魅力的人交谈，而且突然感觉到自己是在正确的道路上求索。这就是我想要的吗？这就是我现在已经失去的生活？我说不清楚！但是我知道，假如我能找到，我将不再有任何疑问，知道自己如何去行动，知道自己去选择什么。这不是我想要的一套规则——规则已经太多了，一些规则是别人为我们制定的，但是更多的规则是我们为自己制定的。我们拟定了学监和老师还没有筹划的生活的每一个部分，而我们确切地知道什么是对的，什么是错的。哎呀，其中有多少是了无生趣的呀！

但是我想得到某种动机，一个目标；用现在的话说，我想知道我在力求寻找的是什么。我看不出自己的工作到底有多么大的意义，也不知道我的职业会是什么样子。我不明白，出于社会原因，为什么我做了那么多自己不感兴趣的事儿，还要假装认为这些事儿是有趣的。我也可以与五六个哥们坐在一起抽烟，谈论着别人的故事。A——已经与B吵了起来——他不愿意适当地进行训练，在比赛开始之前就已经吃过午饭，而且还喝了一杯雪利酒，抽了一支雪茄烟。他太棒了，所以不适合参加球队——这种情景足以让人觉得有意思，但这肯定不是我内心要寻找的生活。

于是我们不断的结交朋友。你也许突然顿悟C这个人多么有魅力，他是那样有创意，风趣、机警、善于观察；在球场上遇见他，成了件让你激动的事儿；你可能请他喝茶，与他神侃，告诉他你所知道的所有的事情。可一个星期之后，你似乎走到了尽头，你在这条路上停了下来，毕竟你没有从中收获多少乐趣，而眼下他在你眼里就像是一头蠢驴——当你再次遇见他，他阴郁地看着你，你转身而去，开始去追逐另一个人。这种把人理想化的交友方式是相当错误的。交往的乐趣在于彼此的探索，但是要探索的东西其实很少。最好是能结交些让你感到身心舒服的，没有愚蠢或冒失行为的朋友。然而天长日久，这些一样会慢慢变得无趣的，显然这些也不是一个人要长期寻找并能从中获得满足的追求。

我们究竟在寻找什么呢？我们可以将那些我们一直在追寻的看作是轻轻飘过山顶的云影，或者展翅飞翔的鸟儿。完美的朋友并不能帮助一个人获得持久的身心满足，因为他的完美迟早是要衰落和褪色的。然而在路的前方肯定有什么东西在召唤着我们，这种召唤有着一股神秘的力量，就像在树林里鸣唱的鸟吸引着我们的脚步。只是一旦你蹑手蹑脚地走近了那棵树，鸟就会扑棱棱地飞走，空中又响起了鸟的另一首歌。初看上去，一个人似乎是在寻找某种得以寄托的情感。比如盛开的玫瑰花瓣从枝头飘落下来的瞬间，你会怦然心动；或者当你看到远处一望无际的平原，郁郁葱葱的树木、湍急不休的河流和蜿蜒起伏的群山，你会刹那间茅塞顿开；或者你步入暗淡的、静谧的教堂，听到那管风琴悄悄流淌出高音缥缈、余音绕梁的乐曲声时，你会宛如身处世外桃源……所有这些都是能让人的心灵可以为之触动的场景而激发出的人类的情感，这情感并非是那种孤独者清苦、寂寞的情感，而是一种充溢着丰满、幸福、甜美和高贵的情感，可是有的人却期待着自己的情感可以被同类的灵魂所分享，求助于他人对自己的认识，希望通过明显的手势、形态、笑容和睁大的眼睛吸引别人的注意，以为这是能获得最好的感觉，得到最亲近的、使人兴奋的被人群认可和欣赏的方式。其实这种情感即使得到，也会在获得的瞬间消失，你的兴致也随着情感的消失而逐渐衰退。

事实上生活里有远比这些都更重要的东西！因为在清冷的、孤独的沉思时刻里，你会发觉到人生的路上矗立着一种责任感，它就像一面巨大坚固的悬崖峭壁。这种责任感，无论多么微妙，多么令人敬畏，都不是源于私下谈论的秘密，或者源于和其他心灵的联系，而是源于坚定的、决不妥协的个人的意愿。人类的独特性恰恰体现在这一方面。这是一种迅捷、猛烈甚至令人恐怖的情感，对此，人们在思想和行动上表现出的是一种忠诚，绝不会弄错。公正，这可是一个古老的话题，而人们一直被教诲去维护公正。犹太人就曾特别重视公正，人们也误以为公正源自虔诚的行为和仪式，现在则显示为一种不妥协的力量，你不可能忽视或不服从这样的力量。如果有人真的不服从，受到伤害的情感就会在灵魂中微弱地喊叫起来。所以有些人领悟到，这是一种力量，只有通过虔诚的行为和崇拜才能演变出来，但是其所有虔诚的行为和崇拜都只是脆弱的外罩，半遮半掩、半阻半挡着社会发展的巨大脚步和迈向成功的努力。

公正的力量相当强势，令有些人感到害怕。但是我们很清楚，没有公正就不可能有任何内心的安宁。而今，人们逐渐懂得，在许多传统习俗和感知中并没有公正的踪迹，这些可能是被轻视和被忽视了。但有些事情，公正精神真的能把它们确认为令人憎恨、亵渎神灵的罪恶，而有了这样的公正精神，人类就不可能做出非法的勾当。

这样说来我们就清楚了：如果一个人要去寻找自己渴望的安宁—— 一种没有烦恼、不受打扰的安宁，一个人就会满怀希望，有目标感、有自由感地踏上自己的心历路程。这里有两个特定的因素：一是要顺从一些巨大的、不可抵抗的禁例和明确的行为准则，尽管其数量要比你想象的少；二是与一些人形成手足意识和伙伴情意，因为他们似乎是在协调有序地朝着相同目标前进。理解并热爱他们，让他们也理解和喜爱我们，这对我们去追寻内心期待的东西起着至关重要的作用。

需要补充一点的是：我所说的责任感，就像在树林后面露出的山顶，它超越了生活的琐碎，且不能立刻就展现出其令人满意或者美丽的一面。一开始的时候，责任感似乎遮挡了我们的视野，干扰了我们的处世方式；责任感不允许一个人迷路或者原地徘徊，人们不情愿地服从它，仅仅是出于对其力量的领悟。责任感象征着某种规则，在许多方面干扰或妨碍人们满足自己的希望和欲望，但是人们又不得不被迫与责任感达成妥协。因为，如果你忽视和违背这个规则的监管，你就可能或真的遭受冷酷的甚至是恶毒的攻击。这样一来，对责任感的追求就变成了另一种尝试，那就是努力找出在责任感的背后是否存在着任何个性。因为有了个性，人们才可以进行自我发现，并由此意识到责任感的目的和意图，以实现自己美好的愿望。这是一种能够去爱和可以被爱的力量吗？或者说，作为一种你也许感到恐惧甚至憎恨的生活状态，你能认为责任感只是习惯性的、没有灵魂的情感，就可以将它视同为儿戏？

因为那种感觉似乎是幸福生活的所有秘密——以一种亲密的安全感，与某些温暖而又真实的人们相遇；他们需要我，我也需要他们，他们能够发出微笑、与你拥抱，既有养育之恩又有同情之心，有所爱慕、有所崇拜。在这些人的怀抱里，通过相互接触、爱抚，相互信任，你能感觉到自己的希望和快乐得到了丰富并被激发。这正是一个人在内心里为自己找到的归属之路；令人好奇的是，地球上的田野和家园之外的朦胧空间是否也有类似的机会在等候着我们？

我猜想会有的。在模糊的幻象里我们却看到许多残酷：打击、伤口和灾难，仇恨、恐惧和忍耐，存在我和那天地更广阔的胸怀之间。但是我最终感知到，尽管在接近这个更广阔的胸怀的路上充满恐惧和怀疑，那里的确存在着冒险。尽管经常受到蔑视和憎恨，未受到照顾与关注，还会经常感到心灰意冷，被人从安逸和自鸣得意的状态中摇醒，但到最后我确信无疑地会被那种力量拥入更大的胸怀。

5

接下来这个阶段有些不同。就拿我快到临近大学快毕业时来举例说说吧，那个时候的我内心仍然充满了躁动和不安的情绪。突然，外面世界的大门打开了，不知不觉地你就走进了世俗社会，你找到了自己的位置。即刻就有了实实在在的事情要你去完成，生活需要你去赚钱，你要组建自己的家庭，和某个你爱的但却完全不同的另一个真实的个体去生活，和个性不同的人们工作在一起，你能做的就是要么妥协，要么抵抗。生活真的像那层薄雾渐渐从我眼前被剥开，外面的一切清晰可见。意识到这些后，我明白以前所过的生活是多么不可思议，多么隐蔽，多么远离现实的社会！我似乎一直在建造一所洛可可式拉毛粉饰的住所，随心所欲、无拘无束，这儿增加一个房间、那儿装上一排尖顶，看上去一切都是那么奇形怪状。心里揣着模糊的诗歌和艺术梦，却没有深入地触及什么，也没有抓住什么。这里写上一个短语，那里涂上一个幻觉。我那一个人的文化理想如同《哈姆雷特》里的奥菲莉亚，一位心烦意乱的美丽少女，四处插满了鲜花，忧虑地解释着各自的情感价值；友爱本身——对他们两个人来说没有什么是牢不可破的。他们之间的友爱并不是建立在任何共同目标的基础上，没有任何真实的相互关心。他们不过是在铭记一种无常易变的魅力，追踪某种眼睛明亮的小鹿或者头发散乱的森林女神，来到他们的栖息地，结果却发现鸟儿们已经飞走，鸟巢还有余温。忙碌了一天之后，虽然深感疲倦，但是心里却很高兴，轻松愉快地松了一口气，然后充满激情和兴致地转向某些消遣活动。这是一种满足的情绪，并不是追求获得了成功。这看上去似乎更像是根本没有什么追求，只是补偿日常工作所缺乏的乐趣罢了……日复一日，月复一月，年复一年，日子就这么过着。

与此同时，土壤和空气，朋友和旅途上的伙伴，都带着某种不同的美的光彩。美就在那里，甚至更为丰满。酷热的夏日，阳光普照在芳香的花园里，照耀着所有美艳的花坛、两边盛开着玫瑰花的甬道，顺坡踩出来的小径，浓绿掩蔽的林荫道；秋日的薄雾飘散在远处的草地和牧场，绿色平缓地顺着山坡爬上了山顶；冬去春来，生命默默地从其倦怠的状态伸展开来，灌木和树丛用其茂密的叶子织成了花毯似的绿色屏障，那里面藏着多少爱恋和快乐的秘密！周围那些人的面孔和姿态呈现出了一种新的意义，更丰富的美，更大的兴趣，因为你开始猜想，经历如何塑造他们，靠的是什么目标和希望，他们才得到了雕琢和提炼，什么样的失败才使得他们受到阻塞，变得粗俗。但是不同之处在于，你不能永远地努力使这些魅力变成自己的，明确自己对魅力的理解，建立与魅力之间的相互关系。那么你就尽可能地去观察魅力、解释魅力、欣赏魅力，有了这样的过程，就足够了。贪婪的感觉消失了，你不图索取，也不会把什么东西紧抓在手中不放，你会赞叹和惊奇，然后向前走去。而且由于你的解释和欣赏能力不断提高，随着欲望的减少，你就会处在健康的平衡状态。

也许随着缓慢的时间流逝，一道阴影渐渐落了下来，就像平原远处逐渐出现的一座高山。有一天，我路过深藏在乡野的一处古老的教会墓地，看到了一些倾斜的墓碑和长满荒草的古坟。我突然感觉自己浑身发抖，不禁打了个冷战，想到毕竟谁都会有这么一天，无论你的生活多么富裕，多么复杂，多么愉快——按照命运三女神所决定的个人的寿数——末日终究会来的，也许忍受着病痛的折磨，也许感到软弱无力。这个时候你必须放手松开所有美丽的生命线，定下神来，以你应有的勇气进入长眠的状态。这个时候你会召唤理性来援助，命令理性详细说明秘密，并会说道，正如没有哪个物质的最小粒子能够完全分解，或者从物质的总体减去。所以，从无限的、更大的确定性角度上看，无论是精神的脉搏或者欲望，还是运动都不可能被化为灰烬。确实如此，灵魂就像鸟儿那样活着，从一个枝头跳到另一个枝头，有时会处于睡眠状态，打发着自己的寂寞，或者发出几声鸣叫。但是从更本质上讲，与肉体相比，精神是不灭的，因为肉体一定会顺从精神、怀抱精神，最终有负于精神。理性是这么说的，然而理性不能带来任何希望，使生活变得那么宝贵、那么熟悉，——名门大宅、散步时习惯走的小路，日常工作，不同类型的朋友和伙伴。你想得到的正是这样一些东西，而理性却告诉你：你必须真正地放弃这些东西，然后走开，而且理性不能展望未来，更不能预测任何事情。理性只能嘱咐你，注意地狱深渊险崖的崖壁和鬼怪似的岩礁，精神进入这里就会永远地下坠，下坠……

精神始终就在那里，永不停息的求知和求证欲望。我什么也没有找到，我什么也没有学到，一切仍然有待于去探索。我只能麻醉自己的饥饿感，使其处于静止状态，把其隐藏在习惯、工作和活动中。这是比工作更严格的东西，甚至比美更漂亮的东西，比我想得到的爱更令我满足的东西；而且非常肯定的是，这样的东西不会处在静止状态。我已经变得越来越厌恶想到这一点，并惊恐地从麻木的感觉和思想状态退缩回来。我所渴望的是能量、生命、活力和运动，去观看、去触摸、去品味所有的事物，不仅仅是那些美好的、令人愉悦的东西，而是各种各样充满激情的冲动和灵感，各种各样能使精神非常亢奋、心灵震颤的悲伤，各种各样要求人类忠诚的艺术作品。我似乎甚至对把一天天分开的睡觉时间感到不满，我想起来做事，挣扎、工作、爱、恨、抵制、抗议。争吵和格斗似乎也是在浪费宝贵的时间。要做的事情那么多，要去证实，要去拨正，要去净化，要去鼓舞，伟大的计划需要制订，需要实施，伟大的荣耀需要展现。然而迟早有那么一天，不管你是否愿意，我注定要放下手中的工具，站起身来审视尚未完成的工作，也许会感到有一点难过，觉得再也不用承担自己的那一份职责了。

6

即使是这样，在一天晚上的梦里，我还是看到了这个景象。当时，我正在读一本讲述喀耳刻岛故事的书，翻腾的诗句就像碎浪涌入港湾，似雷电划过般的曲线直入我的脑海。后来，我放下书睡了。

梦中，我置身于树林中，脚下是荆棘丛生的灌木，眼前是一棵棵高高的大树，我几乎看不出有什么可走出去的路，透过浓密的树叶缝隙我可以瞥见天空。环顾了一下周围后，看上去左边的那片灌木丛不是很稠密，我便向那边走去。刚走近一块空地，我就看见一个小伙子，从装束上看像是个牧羊人。他穿着一件束腰的蓝外衣，带檐儿的帽子扣在后脑勺上，手里拿着一根绳子站在那里。靠在树上有一块金属板子，板子上部饰有一幅双翅交叉的图案，小伙子则斜倚在板子上。他弯下腰来，从土里往外拔着什么东西，当我走近时，他已经把东西拔了出来，并好奇地打量着。啊，这是魔草！我看到了多刺的、扁平的叶子，黑色的根和乳白色的花。他抬起头，微笑地看着我，似乎正期待着我的到来。他长着洁白的牙齿和曲线优美的嘴唇，头顶上飘散着黝黑的头发。

“喂！”他说，“拿去吧！这是你真正想要的东西！”

“是的，”我说，“我想得到宁静，真的！”

他看了我一会儿，然后松手让魔草落到了地上。

“啊，不！”他轻轻地说，“魔草不能给你带来宁静，魔草给予的不是宁静，而是忍耐！”

“好吧，我接受了，”我说，弯下身子；但是他却把魔草踩到了脚下。“瞧，”他说，“魔草已经扎下根了！”而这时我看到了魔草的黑根已经扎进地里，须根和细枝也正在悄悄地潜入土壤之中。我企图抓住它，可是魔草扎得太牢固了。

“你想得到的根本不是魔草，”他说。“你想得到的是能使内心宁静的三色堇，我说的不对吗？那是另外一种植物——它们只生长在坟墓上。”

“不，”我任性地孩子般地喊了起来，“我不想要三色堇！只有那些疲惫的人才需要三色堇，可是我并不疲惫！

他笑着看着我，再次弯下腰来，拔出魔草递给了我。一阵狂风吹过，魔草散发出泥土扑鼻的清香，但是魔草的荆棘刺痛了我的手……

梦中的情景消失了。我醒了，躺在那里，试图复原我在梦中见到的东西，结果却听到窗外常春藤上鸟儿发出的弱弱的叫声，原来她们也懒洋洋地刚睡醒，心满意足地准备开始新一天的生活和工作。这些就像突然出现的一丛明亮的火焰，似乎能消除我的一些杂念，让我猛然明白了一个道理。

“是的，”我朝自己喊道，“这就是秘密所在！就是说生活没有结束；生活还在继续。去找到我要寻找的东西，去理解，去解释，去看清楚，去总结。这一切都该结束啦，就像一本书轻轻地合上，一扇门缓缓地关上——因为这些正是我不想要的。我想活着，忍耐，遭受，体验，爱，不是去理解。我所需要的是带着新的乐趣，新的懊悔，新的痛苦，新的损失去继续生活，展示生活，扩大生活，发展生活。无论我们是否知道自己的需要，或者以为我们需要别的什么，反正都一样。因为我们无法逃避生活，无论我们多么不情愿，或者疾病缠身，或者压力重重，或者备感绝望。生活却一直等在那里，直到我们发出呻吟，流出鲜血，而我们则必须重新站起来，活着。即使我们死了，即使我们寻求自我结束生命，生活还是生活。你可以对一切事儿不见，心无旁骛，身体舒展。用不了多长时间，生活又会重新开始，我们只是像鸟一样从一棵树上飞到另一棵树上，没有终结，没有解脱。活着是我们的命运。我们的周围是一片黑暗，但我们是光，用抗争的光线吞噬黑暗，用燃烧的火炬刺破黑暗。

黑暗熄灭不了光，光照到哪里，哪里就有光明。魔草只是需要忍受的耐心，无论我们是否喜欢。魔草不能让我们自行解脱，不能释放我们的疼痛和愉悦，只能让我们摆脱恐惧。那些痛苦都是不真实的东西，因为我们本身就是光，有着不屈不挠的本质，我们不能被战胜，也不能被消灭——我们只能忍受，我们不能死，我们能跳过黑夜迎接黎明，并以自己的方式从一个星球到另一个星球地轮回到来世。”

第十五章

你看，那做梦的来了

邪恶、丑陋、仇恨、低劣的事物的力量确实强大，但是宁静、幸福的力量也绝不会向它们屈服。这是辨别、选择、崇拜美好品质的力量。这种力量为世界所做的一切就是改善我们的生活，想要过上和谐、富足的生活就要站在具有强大美好力量的一边，让这样的力量帮助和引导世界摆脱混乱、黑暗和争斗，让生活充满光明和宁静。

前些日子，我在报纸上看到了一幅小图片——发自前线的一张快照——让我产生了一种奇特的感觉。照片的拍摄地点是德国边境线上的某个村庄。照片上，一个大约十七岁的小伙子站在那里，模样很英俊，看起来也很正直，怀里抱着手风琴——报纸上说他是一个俄罗斯流浪艺人——他被带到一个肥胖的、大概五六十岁的德国战时后备军军官面前接受审问。那个军官头顶钢盔，一手握着剑柄，一手拿着望远镜，站在高处，正在气势汹汹、蛮横地向下看着小伙子。站在他身边的一个军官则在微笑着。那个小伙子显得很紧张、很害怕，瞪大眼睛望着眼前这个可怕的军官。小伙子身旁还有一个农民，看上去也很不安。报纸上没有说明发生了什么事，但是我希望德国军官能放过这个小伙子！那个军官的样子在我看来恰好象征着人类最愚蠢、最丑陋的侵略行为和残暴行为。那个小伙子，优雅、动人、无辜，我认为看上去象征着美的精神，而这种精神在世界上游荡，迷失在其自身的梦想之中，当这种精神误入歧途，落入侵略者的魔掌，很有可能就会遭到严厉地考问，因为这帮战争狂人正在严重地摧毁世界上爱好和平的人们的生活。

十分明显，照片上那个战时后备军军官在这场遭遇里占了上风。他非常享受自己盛气凌人的架势，而小伙子则露出无辜的样子，如同眼睛明亮的动物落入陷阱，不知道什么样的厄运要降临在自己身上。

类似的事情几乎每天都在世界各地发生。生活中，残暴的、受过训练的武装力量与热爱和平的人民之间的冲突，人类的本能是如此不同。后者给不出其存在的理由，但是我一直坚信人民的力量最终会获得胜利。

我们有各种理由认为，在过去的二十年里，通过广播进行的教育活动只是对人类的观点产生过一些作用，但是对人的品德并没有产生什么影响，尽管这一点尚未得到科学的评估。我们周围到处都长着庄稼，然而我们却不知道那是什么。我打算根据社会的某一特定阶层，说说众多结果当中的一个，因为我已经能通过某些确切的方式意识到这一点。笼统地谈论趋势和倾向是容易的，而我所依据的是那些确凿的证据。

我要说的这个社会群体大致可以被描述为中产阶级——那些日常生活没有什么压力，休闲时间较多，不必靠工资过日子的家庭——这样的家庭拥有着对生活前景的安全感，有着不同于社会底层的大笔财富，有着专业性的职业背景；这样的家庭有其自己的消遣方式；通过读书、交谈、社团活动，对某种思想观念加以探讨和研究，进而有可能获得满足。这不是一种强烈的、对知识和智力的兴趣，但是其最终结果是以一种非常明确的愿望去理想化生活，使生活更加和谐，为生活增添色彩，对未来生活作出推测，让生活摆脱直接的、实际需要的范围，尝试各种事情，按照明确地方式生活，有着明确的、看得见的生活目标——即能够实现扩展生活、装饰生活、丰富生活这样的目标。

我完全相信，中产阶级这种追求更为理想化生活的本能正在极大地膨胀。鉴于以往的宗教在很大程度上为这样的家庭提供了诗歌和生活灵感，如今人们同样渴望获得一种更为明确的艺术种类，有意义的正是这一点。说得简单些，我认为就最大意义而言，当经济基础愈加夯实之后，越来越多的人们将去寻求美的东西。这种本能与宗教并非背道而驰，而是一种推动力，不仅推动了人们了解严格意义上的公正这一概念，而且还促进人们对生活质量的广泛关注，比如生活的乐趣、生活的优雅、生活的美好和生活的丰富。

我常常听到人们谈论艺术，错误地把艺术视为一种相当轻松、没有什么实际用途的职业，还说艺术事实上就像是宗教和爱国主义精神，是一件类似剑一样的锋利武器，普遍存在于生活当中，分割生活，分离人们，使男人和女人相互误解。他们的话往往让我觉得很难过。其实不然，艺术意味着一种气质、一种方法、一种观点、一种生存方式。一些有才艺的人相信艺术的效用，谈论艺术，甚至进行艺术实践，但是他们并没有理解艺术是什么。与此同时，有些人对被称作艺术的东西一无所知，然而他们所做的和所想的却完全有着艺术性。还没有获得艺术天性的人完全不能理解那些有艺术天性的人们谈论的是什么，而拥有艺术天性的人能很快识别出另外一些有艺术天性的人，却根本没有办法向那些不懂艺术的人解释什么是艺术。

我试图在本文里解释一下我所认为的艺术，这倒不是因为我希望用浅显的道理让那些不太懂艺术的人明白艺术是怎么一回事。他们只会认为所有这些解释不过是类似幻象的胡言乱语罢了。而我要说的是，有些人所谈论的听上去似乎是无稽之谈，但是他们却能相互理解，相互欣赏。在这个世界上，无论什么时候你遇到这样一些人，你也许想当然的认为这些人存在于某种隐藏的神秘气息，如果你不能理解，那是因为你没有看出或听出某种东西，而这种东西对那些能够描述出来的人来说却是相当简单清楚的。你大声斥责你所不知道的秘密，还说什么“理所当然”这不可能是真的，还有比这更愚蠢的举动吗？一个人所有经历当中值得拥有的信念几乎就像是某种标志，表明这个人在人类属性方面地位的高低！

但是我所希望的是自己也许能够向那些对艺术一知半解的人作出更简洁的解释，让他们愿意更好地理解艺术。不过，由于艺术是一个很大的题目，即使你只是粗略地懂一点，都会为你的生活起到不可估量的作用并带给你很多幸福。有些人具有明确的观点和目标，他们所焕发出来的幸福感必须得到人们的承认。这样的人或许并不能总让别人感到愉快，但是你大可不必怀疑他们自身的快乐。当你遇见他们时，或者与他们分手，你不可能想到他们有时候也会陷入郁闷或失落的状态，他们显然能够舒服地回到他们自己的计划和事物当中。而且我们知道，无论我们什么时候遇见他们，都会产生那种半羡慕半嫉妒的感觉。因为人家有着自己的明确想法和愿望，从来不想引起别人的关注或者取悦别人，即使是在他们生病或者遇上不幸的时候，他们也仍会忙于做着自己感兴趣的事。

如果想保持愉快的状态，我们每一个人都需要持之以恒、坚定不移地坚持自己的目标和观点。我愿意劝说那些还没有意识到这一点的人，如果他们愿意，就完全有能力这么做，而且这样做了就一定会感到愉快。就我所说的艺术而言，其最好的一点就是不需要有什么特别的经验，也无须使用什么昂贵的材料，适用于日常生活的各个方面，创造平静生活的各种方式，与营造激动人心和异常的氛围一样容易。

那么，让我说，艺术作为一种方法和观点，并不一定就是与诗歌、绘画或者音乐有关系的东西，这些只是艺术在某些范畴的表现形式罢了。让我尽可能说得简单些，艺术存在于对其品质的比较之中。如果这听上去像是某种深奥的公式，那是因为所有的公式听上去都是沉闷的。但是我要说的那种能力是指可以密切地观察一定范围内所有发生的事情或存在的事物——天空、大地、树林、田野、街道、房屋、形形色色的人……更进一步地说，这种能力不仅可以观察人们的相貌，还可以观察人们是如何移动、如何讲话、如何思考；再接下来，我们还能观察更细致的一些东西，例如动物、花草、颜色、日常用品的形状、家具和工具以及日常生活中所使用的任何东西。

这样说来，这些东西每样都有其特定的品质——适宜性或不适宜性，成比例或不成比例。让我随便举几个例子。比如说，你看一下铁锹。切合实际的人就把它称作铁锹，而且认作自己的劳动工具。而哲人就会考虑用了多长时间，经历过多少次实践才使得铁锹完全适合于其用途，比如铁锹的长度和大小，什么样的横档更便于脚蹬，锹柄的柄孔如何方便人们的抓握；人类所有的工具和餐具、器具、炊具都是显示人的本性的证据，具有深远的重要意义。我们再来看一看花草奇特的形状和颜色，金鱼草长着钝的唇瓣，旱金莲长着扁平的圆叶子和火红的喇叭花——它们千差万别，但是所表达的东西不仅相当明确，而且表现出了久远的遗传性。再拿房屋作例子吧—— 一所老式的家宅是多么简朴、多么古雅，而有些自命不凡、喜欢投机取巧的建筑师盖的房子又是多么阴森恐怖、多么粗俗。再看看乡下一些地区的房子吧，例如英国西南部科茨沃尔德丘陵地区，那里几乎所有的房舍，无论是外形还是颜色，都那么具有美感。这些地方的软石诱使建筑者尝试各种实验，以非常精致和非常到位的装饰手法对朴素的房屋门面只稍作修饰。再拿男人、女人和孩子的貌相和神态来举例吧——有些人，无论他们做什么，就是那么有魅力、引人瞩目；而有些人，无论怎么努力打扮，就是不吸引人，反而令人厌恶；有些人心地善良、性情甜美，却长着朴素的、难看的脸庞。所有这一切是怎么回事儿呢？我们还可以进一步扩大观察的范围，人们有着各种各样的思想、习惯和偏见，彼此完全不同。但有的人美丽、赏心悦目，而有的人则不讨人喜欢，甚至令人难以忍受。

我可以再举出无数个类似的例子。我的观点是，艺术从其最大意义上讲是对各种不同品质进行的观察和比较，无论这些品质是通过什么样的形式表现出来的。当然了，每个人的观察能力和范围是有限的，不可能扩展到对所有事物进行细致的观察和比较。比如某些完全看不到景色和房屋之美的人，在判断人这方面却是异常的精明。

不仅仅只有事物的美的一面才会引起人们去观察，有的东西沉闷、可怕，甚至是恐怖的一样会引起人们的注意。人们对品质的兴趣无论如何都不只会依赖于美感。关键在于事物本身是否具有强烈引人注目的特质。就拿一头猪来说吧，看看猪身上的猪鬃、大象般的耳朵、鬼鬼祟祟的小眼睛，还有什么能比它肚子里塞的东西多呢？一种堕落的生物，被其自身的肮脏污秽所困惑，却不能想出任何逃跑的方法，那会是个怎么丑陋的样子啊！

所有这一切只表明，无论你住在哪里，生活都会为你的眼睛和大脑提供丰饶的素材。假如你不能深入地观察，只是停留在事物的表面，你就无法体会，艺术地去欣赏或是批判生活。是什么促使这一切发生的呢，到底是谁的思想？其用意是什么？我们以自己特有的感知，拥有对生活完全不同的感觉，很少想到我们身处何地或者做何打算，那么我们来到这个世界上的意义又是什么呢？尤其是那种奇怪的感觉，除非是我们自己主动作出选择，否则我们不愿意被迫去做任何事情——这种感觉一直陪伴着我们，即使我们日复一日或者一天到晚在做着自己无法选择的事情，只要我们能够忍受。

一旦我们敢于思考这些，整个事情有时就会那么奇怪，几乎让我们觉得恐怖。然而，大部分时间里，我们尚且能心安理得地处在其中，处在自己的位置上。确实能让我们害怕的只有一件事情，那就是离开现在生活之后的前景。

从艺术的最大意义上讲，我所说的艺术是指我们对事物品质的观察、比较和质疑能力。充分享受生活的人是那些让自己的想象力插上翅膀的人们。进而才会激发出我们内心对品质更深的感觉，这种感觉引导我们努力完善着自己的生活，并按照我们所崇尚的、认为美的标准行事。我们选择并不一定令人愉快的事物，但是由于某种神秘的缘故，我们却觉得这么做比较幸福。因为无论我们怎么假装不这么想，事实上我们所有人每时每刻都在渴望着幸福，这与快乐是完全不同的两个概念，有时甚至是相当的冲突。

所以最后让我们来谈谈生活的艺术。生活艺术真的是一种对生活微妙点滴的判断力的平衡和比较，每个人无论生活多么盲目、多么无力，却渴望尝试得到幸福。而且这种尝试一旦停了下来，旋即会产生一种乏味的欲望，仅仅可以满足自己的舒适感而已，此时人的精神状态便会走下坡路，生活的价值也随之消失。也许，除非我们认识到，我们担负不起走下坡路的后果。否则，在某个时候或某个地方，当你再次回忆起来，每一次退步都将成为痛苦的追忆。

我的建议是，我们必须以某种方式运用我们的意志去体验、去观察、去辨别、去追求我们认为美好的事物。也许有人会说，这只是一种类似宗教的东西。的确如此，这正是我所瞄准的目标。这是一种宗教。许多人不能被严格意义上的所谓宗教触动，而我所说的宗教则是他们能够理解的东西。令人感到不快的是，宗教这个词已经变得过于专门化，象征着信仰、教义、仪式和惯例。但是这些东西，也许真的不适合我们当中的许多人。限定的宗教，其最糟糕之处在于太过于限定了。他们试图强迫我们信仰我们觉得难以置信，或者简直是不可知的东西，抑或列出一些他们认为很重要而我们并不认为重要的惯例。我们永远不要粗暴地对待我们的头脑和灵魂，宣称相信我们并不真正相信的东西，或者认为我们并不觉得靠谱的事。但是与此同时我们必须记住，每一种宗教都有着某些美的内涵，因为宗教包含一种从容的选择，对更好的动机和更好的行为的选择，还包含着一种努力，排除了生活的低劣和堕落成分。

当然，对所有这一切的异议——而且是一个严肃的异议——人们可能会说："我当然看到了所有一切的真相，拥有积极而乐观生活兴趣的好处。你也许还会鼓吹自己正处在幸福的优越感里，但是我的兴趣却是断断续续的、偶然的，有时候好几天我对任何事情都没有兴趣，也看不出身边的人与事儿的任何品位。我没有时间，我也没有伴侣共同享受这些事物。我如何才能使自己的智慧与我所看到的相称呢？"这正如《约翰福音》中撒玛利亚妇女说的那样："你没有打水的器具，井又深，你从哪儿能打到活水呢？"确实，文明似乎不能创造越来越多的具有这样本能的男人和女人，更不用说把他们安置在让他们感到满意的环境当中，这是一件相当难的事情。于是一些人会说："追求那些几乎不可能达到的目标值得吗？把它们放下不是更好吗？让一些人尽可能觉得舒服就可以了吧？"这才是许多人对这一问题给出的切合实际的答案。一些上了年纪的人，他们是所有出主意的人当中最令人沮丧的，因为他们嘲笑所有事物都是荒谬可笑的。所以年轻的小伙子和姑娘们最好尽可能不听这类人的胡说八道。正如周伊特在给他的学生温斯伯恩写的信中说道，他是一个聪明的人，一旦摆脱了对诗歌艺术的所有的荒谬观点，就一定会做得更好。我毫无疑问地感觉到，这些思想，这种生活中的兴趣，这些疑惑和好奇，可以被许多没有追求生活兴趣的人所追求。这就像猎人们对白鹿传说的痴迷一样，在古老的故事里，猎人们总是不断地在林中追踪白鹿。他们也许从来没有捕获到白鹿，但是追踪白鹿的过程丰富了他们的冒险经历，满足了他们对白鹿的强烈的好奇心。

当然，如果你有志趣相同的朋友，你是幸运的；如果没有这样的朋友，总归还是有许多好书，你可以在书中遇见最优秀的人，看看人家是怎么想的，怎么说的，进而去寻找最美好的、最生动的生活方式。但是读书也有问题，就像你也许喜欢集邮，或许只是对藏品的数量和种类而感到扬扬得意。我不太相信书多就证明你有学问，那就如同水手拥有一个未知的岛屿。你必须进行试验，看看哪些类型的书能够给你提供有益身心健康的营养食粮。所以，我相信准备一些需要经常读的书放在身边还是有好处的，这样你就可以从头到尾反复地读，无论什么时候，无论心境如何，慢慢地你就会怀着各种心绪与联想吸取书中的精华，丰富你的知识。我有十几本这样的书，我经常拿起来读，有时还会在书上随手写上批语，并记录下什么时候、在什么地方、和谁在一起读的。当然，一个人不太可能在一生当中始终读着相同的书，就像随着年龄的增长，你原来穿的衣服变小不能再穿了，你也会淘汰一些书。有时翻看起那些曾经喜爱的旧书，我感到特别诧异，我问自己以前怎么会如此的喜欢这些东西。现在这些旧书里写的东西看上去似乎就像窄小的前厅和走廊，而我已经穿过了前厅和走廊，遇见了更为高尚、珍贵的东西。读书的意义在于始终努力把这些书里所讲的东西真正地与生活融合在一起，而不是仅仅让这些书成为书架上的装饰品。

就我自己的感悟来说，诗歌是最能燃起存在于我心底里的激情，这一点就是我反复强调的。但是诗歌不能直截了当地去读。相反，诗歌需要你去品味，去思考，反复地去读，用心地去学。拿我自己来说，小的时候，我对华兹华斯没有什么印象，只是非常喜欢他的一两首诗，例如《不朽迹像颂》和《义务颂》。凡是喜欢诗歌的人大概都会读过这两首诗吧。长大成人后，我开始逐渐懂得，华兹华斯诗歌的某些篇章具有某种高贵品质，与其他任何类型的高雅绚丽都有所不同。有一年假期，我带着华兹华斯的一本诗歌全集去度假，努力地研读每一篇诗歌。我发现华兹华斯是如何一次又一次地谈及对生命的思考，就像你在海滩上捡拾小贝壳，另一种生命的证据近在眼前，不容置疑地就在那里，然而却不被人所知，深深地藏在茫茫大海之中。当华兹华斯写出：

爱我的人很多，但是
我却得不到足够的爱

或者当他说

我们的心灵将制定无声
但须长久遵循的法律

他似乎是在揭示世界的秘密，讲话的方式如同预言者幻象里的七雷发出的雷鸣。有一天，我与一个学生一起工作，在他的散文里，他引用了华兹华斯的诗句，我们一起查阅出处。我一边讲着，一边把目光落在了《墓志铭》上，我读到：

来吧，在你充满力量的时候，
来吧，如同碎浪一样虚弱！

这两行诗具有说不出的魔力。我的学生无法理解我为什么在此处停下来，支支吾吾地不肯说下去，而我也无法向学生作出解释，但是正如柯尔律治说的：

织一个圆圈，把他三道围住，
闭上你的眼睛，带着神圣的恐惧，
因为他一直吃着蜜样甘露，
一直饮着天堂的琼浆仙乳。

这正是美的秘密所在，只能被看到，却无法加以解释。

当然，现在有些人，将来还会有些人，他们能读到我用痛苦的理性写出来的东西，并且会说我写的都是些垃圾。可是我描述的是一种狂喜的体验，这种体验也许非同寻常，但其真实性如同吃饭喝酒。我以前就有过这样的体验。我将再次有这种体验，我能一下子就识别出这种体验，因为这样的体验与其他一些体验相当不同。这当然不是像你坐在桌旁吃饭的那种平常体验，不是可以为之感到骄傲的事情，因为我早在刚记事的时候就已经有过这种体验。我也根本不能明确其效果。除了重要时刻，这种体验并不能使生活变得崇高或完美。如果我的心境麻木，这种体验丝毫不能降临在我身上，而如果我处在悲哀或焦虑的状态，这种体验则常常有可能降临。

那么，我该怎样解释这一体验呢？很简单，真的。有个区域我愿意称为美之境地。如果你接受我关于艺术的生活观点，毫无疑问你有时会被允许进入这里。尽管我还说过，我所讲的生活观点与许多感觉有关，而这些感觉并不都是美丽的，有时甚至是正好相反。

假如我被直截了当地问道，是否值得努力地去思考，或去想象，或闯进这种特别的、兴高采烈的状态，我应当说："当然不值得！"除非已经有过体验，这种状态能否真正地达到，很值得怀疑。而且，我不确信通过自我暗示产生的情感是否健康。

但是我的确非常坚定地相信，对任何人来说，只要他对这样的作用完全感兴趣，那就值得他去努力实验，以批判的目光看待这些体验，多听听、多观察、多征求其他人的看法，多读书，并努力将所观察的和所判断的真正地付诸实践。

前些日子，我去了一家印刷厂参观。车间里庞大的机器发出嗡嗡的轰鸣。一个小伙子坐在机器边的平板上，轻轻地摆放着纸张，并将印好的印刷品放到一个大盒子里。

我与印刷厂老板一起离开车间，随口问了老板一句，那个小伙子知不知道自己在印着什么书啊，老板笑了起来。"他哪里知道，"老板说，"他越是对所印刷的东西不感兴趣，那就越好——他干的活儿就是给机器添加纸张，完全是无意识的机械动作。"想到一个人如此彻底地被变成了机器，我感觉到了某种悲哀。可是那个小伙子看上去却非常愉快，身体健康，聪明能干，嗡嗡的机器声似乎对他没有什么影响，他悠然自得地做着自以为很重要的工作，不停地弯下腰来给机器添加新的纸张。

但是，我认为我们应当避免的正是这种单调乏味的生活方式。与其他人相比，有些人想要避免过这样的生活难度很大，而在某些条件下逃避就更加困难了。但是所有的艺术和所有的艺术感知恰好标志着不需要承担责任的、抑制不住的生活乐趣，以及像我前边说过的，它们标志着感知、识别和比较事物品质的一种尝试。我在这里坚持的是，艺术并不一定是创作出什么艺术性的作品来。那些有创造力的、有学问的、手指灵巧的、有强烈欲望的工匠、手艺人和技工的心里曾经出现的创作冲动，与那些艺术家的创作冲动没什么两样。如果一个男人或者女人具有特殊的运用词汇的天赋，或者能够很好地掌握样式和颜色，或者句子，他们对美的强烈喜爱注定会在创造美的过程中表现出来——而这样的生活是人们能够过得最幸福的生活，尽管有些美的发现是我们力所不能及的，捕捉不到，也表达不出来。而如果这样的美你一旦能捕捉到，并且可以准确地表达出来，你的探寻之路就会结束！

事实上，无数的心和头脑，虽然没有能力表达，却能感知品质。对这些人我希望自己能说服他们相信这样一个事实，即他们的手中握有一条线索，就像古老的故事里的线索，能够引导探寻者安全地穿过黑暗迷宫里一道道低洼。故事里无所畏惧的年轻人将绳索的一头绑在洞穴口旁生长的荆棘树上，握住另一头，然后松开绳子，大胆地一步步走进洞穴去探寻其中的奥秘。

对许多人，实际上对所有人而言，不论他们在自己的一生里扮演什么角色，生活的线索就会引导他们在这里或那里找到美。并不一定是颜色、声响和词汇外在的美，而在于行为的美，那是宽容的、温和的、纯洁的、无私的生活里所展现出来的美。

我们又为什么要努力尝试着去过这样品质的生活呢？很简单，那是因为这样的生活要比怀恨在心的、愤怒的、贪婪的、自私的生活美好得多。在美好生活的周围时刻存在着令人感到恐怖的丑陋的人和事，所以各种各样的美所具备的自然属性能够以存在于大千世界里的某种巨大力量向我们发出信号。邪恶、丑陋、仇恨、低劣的事物的力量确实强大；但是宁静、幸福的力量也绝不会向它们屈服。这是辨别、选择、崇拜美好品质的力量。这种力量为世界所做的一切就是改善我们的生活。想要过上和谐、富足的生活就要站在具有强大美好力量的一边，让这样的力量帮助和引导世界摆脱混乱、黑暗和争斗，让生活充满光明和宁静。当然，我们应心怀感激之情地承认，宗教在这一伟大运动中具有十分重要的影响力。但是我们还应该说，宗教已经变成了专门化的东西，它也并不能完全满足人们心理的所有欲望，因为宗教过于明确地把自身与传教士生活、仪式和神学教义结合在一起。并非每一个人都能在宗教组织里通过心灵幻觉获得充分的满足感。一些人，尤其那些并不邪恶，也不残忍，更不是没有同情心的人，他们在体系化了的宗教里找到的其实是苦闷和沉寂，比如其传统的信仰、狭隘的教诲、教理问答、传教会议、祈祷仪式和礼拜活动。从某种意义上讲，宗教所说的也许都没有错，但是宗教却经常使美景、兴趣、情感和诗歌处于饥饿状态。宗教代表不了生活的充实。那些对宗教感到不满足的人们常常默默地对自己的行为羞愧不已。然而，宗教不能完全满足人们内心的愿望。人们通过宗教知道了天堂，但是等候他们进入的那种天堂并不是他们认为的有魅力或渴望去的地方。他们根本不想做错事，或者背叛道德，但是他们所具有的各种冲动似乎没有得到专门性的宗教、冒险、友谊、激情、美，以及生活中奇妙情感的认可。伟大的诗人、艺术家和音乐家的作品，地球上的美景，这些在系统的宗教里没有容身之处。人类需要某些更丰富、更自由、更广泛的东西。他们不想逃避自己的责任，更不想践行邪恶之道。但是许多宗教坚持认为是重要的事情似乎并不重要，许多被宗教说成真实可靠的信仰似乎充其量是难以明确的观念。不是说这样的人不忠诚于上帝和道德，只是说处在这样的氛围，他们觉得自己受到了抑止和限制，所以他们没有胆量向上帝贡献世界上最美好的礼物。

这样的感觉在很大程度上不是背叛古老的观念，就像新酒的味道过于浓烈，装不进旧酒瓶子里；这是一种扩展理想范围，寻找更多神性物品的愿望。

我相信这种本能不会被任何力量击垮抑或被战胜，它将会成长壮大，并传播开来，在未来的文化进程中发挥巨大的作用。我真的希望宗教能够敞开胸怀，迎接这种本能，因为我说的这种本能的精神才最真实地具有宗教意义。因为这种精神关注的是净化和丰富生活，而且源自于充满生命力的生活当中，不是依靠低劣的或卑鄙的底线，而是不断地、一再重复地参照神灵的信息，因为这样的信息永远在提醒我们，生活充满了火热的激情和音乐，伟大、自由而美妙。这就是生活的全部意义，如果我们想越来越多地感受生活的宏大和丰富，就绝对不能局限于阴暗的、悲哀的、怀疑的目光里。这完全是更加忠诚地相信上帝的一种努力，在越来越广泛的圈子里认识生活的价值。

“瞧，那个爱做梦的来了，”嫉恨约瑟的几个哥哥见到从远处走来的约瑟时说道，“我们且看他的梦将来怎么样！”他们密谋要杀害约瑟，他们把约瑟衣衫剥掉，扔进一口枯井里，本想杀死他，却遭到四哥犹大的反对，便把约瑟卖给商队为奴。然而，当有一天他们战战兢兢地站在约瑟面前时，约瑟却饶恕了他们，并且以王室最好的美酒佳肴款待他们。我们永远也不能藐视或者嘲弄一个人的梦想，我们负担不起，因为人是靠着梦想活着的。梦想能够成真，它能够以极大的力量解放我们。